Endeshaw Abatenh

Função microbiana nas alterações climáticas

Endeshaw Abatenh

Função microbiana nas alterações climáticas

ScienciaScripts

Imprint

Any brand names and product names mentioned in this book are subject to trademark, brand or patent protection and are trademarks or registered trademarks of their respective holders. The use of brand names, product names, common names, trade names, product descriptions etc. even without a particular marking in this work is in no way to be construed to mean that such names may be regarded as unrestricted in respect of trademark and brand protection legislation and could thus be used by anyone.

Cover image: www.ingimage.com

This book is a translation from the original published under ISBN 978-620-2-31404-6.

Publisher:
Sciencia Scripts
is a trademark of
Dodo Books Indian Ocean Ltd. and OmniScriptum S.R.L publishing group

120 High Road, East Finchley, London, N2 9ED, United Kingdom
Str. Armeneasca 28/1, office 1, Chisinau MD-2012, Republic of Moldova, Europe
Printed at: see last page
ISBN: 978-620-7-99374-1

RESUMO

A concentração de gases com efeito de estufa é aumentada ao longo do tempo por vários factores humanos e naturais. Estes incluem a queima de carvão, petróleo e outros combustíveis fósseis, a decomposição de material vegetal e a queima de biomassa. Atualmente, as alterações climáticas e o aquecimento global são os maiores problemas do mundo. Danificam (destroem) uma série de componentes bióticos. Também afectam a estrutura, a função e a atividade metabólica das comunidades microbianas. Para combater (comprometer) as alterações climáticas, são aqui enumerados vários métodos. Por exemplo, os microrganismos e outros componentes biológicos têm muitos papéis potenciais na atenuação, contribuindo para uma resposta antecipatória. Os microrganismos têm uma função alargada, nomeadamente no tratamento e redução dos gases com efeito de estufa através de processos de reciclagem de nutrientes. Actuam quer como produtores quer como utilizadores destes gases de uma forma positiva. Contribuem para a redução dos riscos ambientais causados por actividades naturais e antropogénicas. Globalmente, os ciclos biogeoquímicos e as alterações climáticas nunca podem ser vistos separadamente.

Palavras-chave: gases com efeito de estufa (GEE), alterações climáticas, comunidade microbiana, ciclo biogeoquímico, metanotropia

[st]Os maiores desafios do século XXI são as alterações climáticas, o aprovisionamento energético, a saúde e a doença, bem como um ambiente sustentável. Estas questões estão hoje na boca de toda a gente. **As alterações climáticas** globais estão atualmente na boca de todos e estão a ser intensamente discutidas por políticos, empresários, ambientalistas, sociedade e meios de comunicação social. Os microrganismos e os ciclos biogeoquímicos são duas faces da mesma moeda. Têm lugar nos oceanos, no solo, em ambientes abertos e fechados. Ambos facilitam a produção e a utilização de gases com efeito de estufa. Os microrganismos fornecem feedbacks a longo e a curto prazo que promovem e inibem o aquecimento global e as alterações climáticas [1]. Os micróbios desempenham um papel importante como produtores ou utilizadores destes gases no ambiente, uma vez que são capazes de reciclar e converter os elementos essenciais, como o carbono e o azoto, que constituem as células [2, 3]. Os métodos biológicos de controlo das emissões de gases com efeito de estufa têm um valor inestimável em termos de reciclagem de nutrientes. A diversidade microbiana em diferentes ecossistemas dá um contributo importante para o controlo das alterações climáticas e para o combate aos seus efeitos negativos, uma vez que o seu metabolismo é incrivelmente versátil e podem crescer numa vasta gama de condições ambientais. Os microrganismos podem facilmente absorver, armazenar e converter gases. O objetivo do estudo é responder à questão de saber qual o papel dos micróbios no combate às alterações climáticas e na redução dos gases com efeito de estufa. Como será esse papel no futuro, no contexto das medidas de proteção do clima?

Alterações climáticas

O clima é definido como as condições meteorológicas gerais ou médias de uma determinada região, incluindo a temperatura, a precipitação e o vento. O sistema climático é um sistema complexo e interativo constituído pela atmosfera, a superfície terrestre, a neve e o gelo, os oceanos e outras massas de água e os organismos vivos. O clima da Terra é influenciado principalmente pela latitude, a inclinação do eixo da Terra, os movimentos dos cinturões de vento da Terra, as diferenças de temperatura entre a terra e o mar e a topografia. A Terra está rodeada por uma espessa camada de gás que mantém o planeta quente e permite a vida das plantas, dos animais e dos micróbios. Estes gases actuam como um cobertor. Sem este cobertor, a Terra seria 2030 °C mais fria e muito menos adequada à vida. O aumento das temperaturas em todo o mundo conduziu a alterações climáticas. Este facto conduz a um aquecimento da Terra, designado por aquecimento global. O aquecimento global é o termo utilizado para descrever o aumento da temperatura na atmosfera terrestre durante um determinado período de tempo. O manto de gases que envolve a Terra está a tornar-se cada vez mais espesso. Estes gases retêm mais calor na atmosfera, provocando o aquecimento do planeta. O efeito de estufa é um fenómeno em que a atmosfera da Terra retém a radiação solar e é mediado pela presença de gases como o dióxido de carbono, o vapor de água e o metano na atmosfera, que permitem a passagem da luz solar mas absorvem o calor irradiado pela superfície da Terra. Este efeito de proteção é exacerbado pelas actividades humanas, como a queima de combustíveis fósseis [4, 5].

Causas das alterações climáticas

As emissões de gases com efeito de estufa aumentaram drasticamente nos últimos anos devido às actividades humanas e a factores naturais como as erupções vulcânicas. Estes gases acumulam-se na atmosfera, fazendo com que as concentrações aumentem ao longo do tempo. Todos estes gases aumentaram significativamente na era industrial. Os gases com efeito de estufa mais importantes são o dióxido de carbono, o metano, o óxido nitroso e os hidrocarbonetos halogenados.

1. O dióxido de carbono provém da utilização de combustíveis fósseis em vários sectores, como os transportes, a construção, o aquecimento, a refrigeração e a produção de cimento e outros bens. É também libertado através de processos naturais, como a decomposição de material vegetal, a respiração e a decomposição microbiana de material orgânico [6]. Também é libertado durante a desflorestação.

2. A produção de metano é o resultado de actividades antropogénicas quotidianas, como a produção, distribuição e combustão de combustíveis fósseis, aterros e resíduos, criação de gado, queima de biomassa e cultivo de arroz. Os processos naturais que ocorrem nas zonas húmidas, nas térmitas e nos oceanos são fontes únicas de emissões de metano [1].

3. O óxido nitroso é produzido quando se utilizam fertilizantes e se queimam combustíveis fósseis. Por outro lado, também é libertado naturalmente no solo e no mar [7].

4. A quantidade de gases halocarbónicos aumentou principalmente devido a processos humanos e naturais. Os halocarbonos contêm clorofluorocarbonos (CFC-11 e CFC-12), que foram amplamente utilizados como refrigerantes e noutros processos industriais antes de se descobrir que a sua presença na atmosfera causava a destruição da camada de ozono estratosférica. Atualmente, a quantidade de gases de clorofluorocarbonetos está a diminuir devido a regulamentos internacionais para proteger a camada de ozono.

5. O ozono é um gás com efeito de estufa que é constantemente produzido e destruído na atmosfera por reacções químicas. Na troposfera, as actividades humanas aumentaram o ozono através da libertação de gases como o monóxido de carbono, os hidrocarbonetos e os óxidos de azoto, que reagem quimicamente para produzir ozono. Como já foi referido, os hidrocarbonetos halogenados libertados pelas actividades humanas destroem o ozono na estratosfera e estão na origem do buraco de ozono sobre a Antárctida.

6. O vapor de água é o gás com efeito de estufa mais abundante e mais importante na atmosfera. No entanto, as actividades humanas têm apenas uma pequena influência direta na quantidade de vapor de água atmosférico. Indiretamente, os seres humanos podem influenciar significativamente o vapor de água através das alterações climáticas. Por exemplo, uma atmosfera mais quente contém mais vapor de água. As actividades humanas também influenciam o vapor de água através das emissões de CH4, uma vez que o CH4 é destruído quimicamente na estratosfera, produzindo uma pequena quantidade de vapor de água.

7. Os aerossóis são pequenas partículas na atmosfera que variam muito em tamanho, concentração e composição química. Alguns aerossóis são emitidos diretamente para a atmosfera, enquanto outros são formados a partir de compostos emitidos. Os aerossóis contêm tanto compostos que ocorrem naturalmente como compostos libertados pelas actividades humanas. A queima de combustíveis fósseis e de biomassa conduziu a um aumento dos aerossóis que contêm compostos de enxofre, compostos orgânicos e carbono

negro (fuligem). As actividades humanas, como a exploração mineira de superfície e os processos industriais, aumentaram a carga de poeiras na atmosfera. Os aerossóis naturais incluem poeiras minerais libertadas da superfície, aerossóis de sal marinho, emissões biogénicas da terra e dos oceanos e aerossóis de sulfato e poeira produzidos por erupções vulcânicas [5, 8, 9, 10].

Efeitos das alterações climáticas nos microorganismos

As alterações climáticas têm efeitos diretos e indirectos na composição das comunidades microbianas terrestres e nas suas funções. Os efeitos das alterações climáticas nos microrganismos são enumerados. São eles: Morte e perturbação, a atividade metabólica é fortemente afetada direta e indiretamente, a redução (estimulação) da biomassa, diversidade e composição conduz à extinção/deslocação, com efeitos negativos ou positivos na sua fisiologia e na emissão de gases com efeito de estufa. Com o aumento da temperatura, as estruturas da comunidade microbiana mudam e processos como a respiração, a fermentação e a metanogénese são também acelerados. Os efeitos das alterações climáticas nas componentes bióticas e abióticas são o risco de lesões, doenças e morte devido a vagas de calor, incêndios florestais, tempestades violentas, inundações, catástrofes naturais, calor extremo, má qualidade do ar, seca, propagação e incidência de doenças. O efeito das bactérias, fungos, algas e archea nas alterações climáticas. Aceleram o aquecimento global através da decomposição da matéria orgânica e, em última análise, aumentam o fluxo de CO_2 para a atmosfera [11, 12, 13, 14, 15]. A decomposição microbiana do carbono do solo conduz a uma retroação positiva com o aumento das temperaturas globais. A biomassa e as enzimas microbianas são um meio eficaz de promover o aquecimento, uma vez que decompõem eficazmente a matéria orgânica carbonácea e libertam compostos tóxicos para o ambiente. Ao mesmo tempo, evitam as alterações climáticas. A temperatura tem um efeito direto na atividade enzimática e nas propriedades fisiológicas dos microrganismos. A eficiência dos microrganismos do solo na utilização do carbono determina a resposta do solo às alterações climáticas [16, 17, 18, 19].

A composição, a abundância e a função das comunidades microbianas alteram-se quando os micróbios são expostos a novas condições ambientais extremas, ou seja, as alterações ambientais ou o aquecimento global/perturbações climáticas afectam a ecologia microbiana, a estrutura e a função dos ecossistemas. Além disso, ocorrem também alterações significativas nos seus genes e propriedades funcionais ao longo do tempo. Este tipo de efeito/influência ocorre em todos os ciclos biogeoquímicos. [41, 42].

Mecanismos para fazer face às alterações climáticas

Os processos microbianos desempenham um papel central nos fluxos globais dos principais gases biogénicos com efeito de estufa (dióxido de carbono, metano e óxido nitroso) e é provável que respondam rapidamente às alterações climáticas. Os microrganismos regulam os fluxos terrestres de gases com efeito de estufa. Devem ser tidas em conta as interações complexas entre os microrganismos e outros factores bióticos e abióticos. A possibilidade de atenuar as alterações climáticas reduzindo as emissões de gases com efeito de estufa através do controlo dos processos microbianos terrestres é uma perspetiva tentadora para o futuro. É amplamente reconhecido que os microrganismos desempenham um papel fundamental na determinação das concentrações atmosféricas de gases com efeito de estufa [1, 20]. Os principais mecanismos de feedback sobre as alterações climáticas através da alteração da estrutura e da composição da comunidade microbiana resolvem este tipo de problema ambiental. Simplesmente utilizando o ciclo de nutrientes e estimulando o seu material genético funcional para degradar e remover substâncias químicas ou gases que conduzem ao aquecimento global [21]. A ligação entre as comunidades microbianas e os ciclos biogeoquímicos é um bom mecanismo para resolver o problema das alterações climáticas. Os microrganismos são muito importantes para utilizar os gases com efeito de estufa como fonte de energia e para construir as suas células [1].

1. Comunidades microbianas e o ciclo do carbono

O ciclo global do carbono depende principalmente das comunidades microbianas que sequestram o carbono atmosférico, promovem o crescimento das plantas e decompõem ou convertem a matéria orgânica do ambiente. Grandes quantidades de carbono orgânico estão atualmente sequestradas no permafrost de alta latitude, nos solos de pradarias, nas florestas tropicais e noutros ecossistemas. Por outro lado, os microrganismos desempenham um papel fundamental na determinação da longevidade e estabilidade deste carbono e na decisão de o libertar ou não para a atmosfera como gás com efeito de estufa, ou seja, medeiam os processos do ciclo do carbono [12]. Os microrganismos abrandam o aquecimento global e afectam processos ecológicos importantes, como o ciclo dos nutrientes, que depende da atividade microbiana. Os microrganismos são cruciais para a decomposição e transformação de material orgânico morto em formas que podem ser reutilizadas por outros organismos. Por esta razão, os sistemas enzimáticos microbianos envolvidos são vistos como importantes "motores" que impulsionam os ciclos biogeoquímicos da Terra. O ciclo do carbono terrestre é regido pelo equilíbrio entre a fotossíntese e a respiração. O carbono é transferido da atmosfera para o solo através de organismos autotróficos, como as plantas fotossintetizantes e os microrganismos foto e quimioautotróficos, que convertem o dióxido de carbono atmosférico em matéria orgânica. Na prática, os microrganismos utilizam o carbono para o seu metabolismo, uma vez que consomem em grande medida o dióxido de carbono atmosférico.

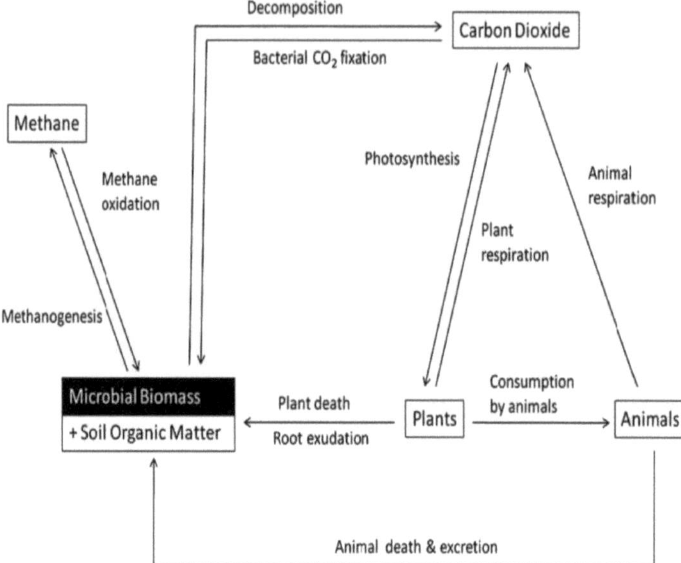

Figura 1: O ciclo do carbono terrestre com os processos mais importantes mediados por microorganismos no solo

Os microrganismos do solo são essenciais para a transferência de carbono entre compartimentos ambientais, a fim de atingirem o seu objetivo fundamental de sobrevivência através da reprodução. Por conseguinte, os micróbios utilizam várias formas orgânicas e inorgânicas de carbono como fontes de carbono e de energia. O ciclo terrestre do carbono é determinado pelo equilíbrio entre a fotossíntese e a respiração [22, 23, 24]. O carbono também se encontra na crosta terrestre, especialmente sob a forma de calcário e querogéneos. Um quimioautotrófico é um organismo que obtém o seu alimento através da oxidação de compostos não orgânicos (ou outros processos químicos), em contraste com o processo de fotossíntese. O carbono na atmosfera terrestre apresenta-se sob duas formas principais: Dióxido de carbono e metano. O dióxido de carbono dissolve-se diretamente da atmosfera para as massas de água. Também se dissolve na precipitação quando as gotas de chuva caem na atmosfera. Quando dissolvido na água, o dióxido de carbono reage com as moléculas de água e forma ácido carbónico, que contribui para a acidificação dos oceanos.

Os microrganismos fazem parte de um ciclo maior de carbono que ocorre à escala global. Através das suas actividades, os microrganismos ajudam a extrair carbono de fontes não vivas e a torná-lo disponível para os organismos vivos (incluindo eles próprios). Grande parte do carbono que entra no ciclo do carbono é dióxido de carbono. Esta forma de carbono ocorre como gás na atmosfera, mas antes de poder ser absorvido pelos organismos vivos, tem de ser convertido numa forma orgânica utilizável. O processo de conversão no qual o dióxido de carbono é retirado do reservatório atmosférico e "fixado" em substâncias orgânicas é chamado de fixação de carbono. O exemplo mais conhecido de fixação de carbono é a fotossíntese, um processo em que a energia obtida da luz solar é utilizada para formar compostos orgânicos. As algas fotossintéticas são microrganismos importantes neste domínio, sendo também mencionados os organismos quimioautotróficos. Em primeiro lugar, as bactérias e as arqueias são capazes de converter o dióxido de carbono em açúcar, que fica disponível para a construção celular. Parte do carbono orgânico é devolvido à atmosfera sob a forma de CO_2 durante a respiração. O resto do carbono orgânico pode ser transmitido de organismo para organismo na cadeia alimentar. Quando um organismo morre, é decomposto por bactérias e o seu carbono é libertado para a atmosfera ou para o solo. O CO_2 dissolve-se na água e as algas, plantas e bactérias convertem-no em carbono orgânico. O carbono pode ser transferido entre organismos, dos produtores para os consumidores. Os seus tecidos são eventualmente decompostos por bactérias e o CO_2 é libertado de novo no oceano ou na atmosfera [20, 25].

Nos habitats aquáticos, o ciclo do carbono ocorre através de uma variedade de espécies bacterianas e fúngicas. Mesmo zonas relativamente isentas de oxigénio, como a lama profunda de lagos, lagoas e outras massas de água, podem ser regiões onde ocorre a conversão anaeróbia do carbono. Ambos os tipos de conversão ocorrem na presença e na ausência de oxigénio. O envolvimento das algas é um processo aeróbio. Em ambientes anaeróbios, os microrganismos podem converter compostos de carbono para produzir energia num processo conhecido como fermentação. Outros microrganismos também são capazes de participar no ciclo do carbono. Por exemplo, as bactérias verdes e púrpuras do enxofre podem utilizar a energia que ganham com a decomposição de um composto chamado sulfureto de hidrogénio para decompor compostos de carbono. Outras bactérias, como a *Thiobacillus ferrooxidans*, utilizam a energia que ganham ao remover um eletrão de compostos que contêm ferro para converter o carbono. A decomposição anaeróbia do carbono só é efectuada por microrganismos. Esta degradação é um esforço de colaboração que envolve numerosas bactérias, como a *Bacteroides succinogenes*,

Clostridium butyricum e *Syntrophomonas sp.* Esta cooperação bacteriana é conhecida como transferência de hidrogénio entre espécies e é, em última análise, responsável pela libertação de uma grande parte do dióxido de carbono e do metano na atmosfera.

2. Comunidades microbianas e o ciclo do metano

O ciclo do carbono entre o dióxido de carbono e os compostos orgânicos é considerado ecologicamente significativo. Tanto os eucariotas (plantas e algas) como as bactérias autotróficas (cianobactérias) desempenham um papel importante na fixação do dióxido de carbono em compostos orgânicos. Tanto os consumidores como os consumidores utilizam os compostos orgânicos e libertam dióxido de carbono. O metano (CH_4) é um gás com efeito de estufa que é maioritariamente libertado para a atmosfera através da atividade microbiana. Os microrganismos consumidores de metano são cruciais para a manutenção de um clima saudável na Terra. As bactérias utilizam o metano como fonte de energia para o seu metabolismo [26, 27, 28]. As bactérias metanotróficas consomem metano como a sua única fonte de energia e convertem-no em dióxido de carbono durante o seu processo de digestão. Estas bactérias podem consumir grandes quantidades de metano, o que contribui para a redução das emissões de metano das fábricas produtoras de metano e dos aterros sanitários [8, 29]. Os microrganismos consomem grandes quantidades de compostos de metano, que podem ser encontrados em todo o lado [30].

Em condições anaeróbias, como nas lamas profundas e compactadas, o dióxido de carbono é facilmente convertido em metano pelas bactérias metanogénicas. O processo de conversão requer hidrogénio, fornece água e energia para as bactérias metanogénicas. Outro grupo de bactérias metanogénicas, as chamadas bactérias oxidantes de metano ou metanotróficas (literalmente "comedoras de metano"), pode converter o metano em dióxido de carbono para atingir o padrão de reciclagem. Esta conversão, que é um processo aeróbio, também produz água e energia. Na presença de oxigénio, o CH4 é oxidado em CO_2 pelas bactérias metanotróficas. Com a oxidação do CH4 em CO_2, o ciclo do carbono fecha-se. As bactérias metanotróficas vivem geralmente na fronteira entre os ambientes aeróbio e anaeróbio. Têm acesso ao metano produzido pelas bactérias metanogénicas anaeróbias, mas também ao oxigénio de que necessitam para converter o metano [31].

3. Comunidades microbianas e o ciclo do azoto

O azoto encontra-se na forma elementar. É o principal componente do ar e constitui cerca de 78% dos gases da atmosfera terrestre. Existem também vários compostos gasosos de azoto que ocorrem na atmosfera, incluindo NH_3, NO e N_2O. O azoto apresenta-se sob a forma de uma molécula muito estável (N_2) que não pode ser utilizada pelas plantas e animais sem ser fixada. A fixação do azoto é o processo de conversão do azoto atmosférico em formas químicas que podem ser utilizadas pelos organismos vivos. O N2 entra na biosfera através da fixação biológica. A fixação biológica do azoto acabará por substituir completamente a fixação industrial na agricultura intensiva. Bactérias Rhizobium, que provocam a formação de nódulos nas raízes de leguminosas como a soja e a luzerna. As bactérias são bastante específicas de certas plantas, por exemplo, a espécie que infecta a soja não infecta a luzerna. A bactéria liga-se a um pelo da raiz da planta, formando esta um fio oco que conduz à raiz. As bactérias crescem através deste fio infecioso e acabam por provocar a formação de um nódulo na raiz. Até 30 por cento do peso de um nódulo pode ser constituído por bactérias. A planta fornece energia e nutrientes às bactérias; as bactérias e os fungos fornecem azoto do ar numa forma que a planta pode utilizar através da fixação. Este é um exemplo de fixação simbiótica de azoto [32, 33]. Certas bactérias (*Rhizobium trifolium*) possuem enzimas nitrogenase que podem fixar o azoto atmosférico numa forma (iões de amónio) que é quimicamente útil para os organismos superiores. Como parte da relação simbiótica, a planta converte os iões de amónio "fixados" em óxidos de azoto e aminoácidos para formar proteínas e outras moléculas como os alcalóides [34].

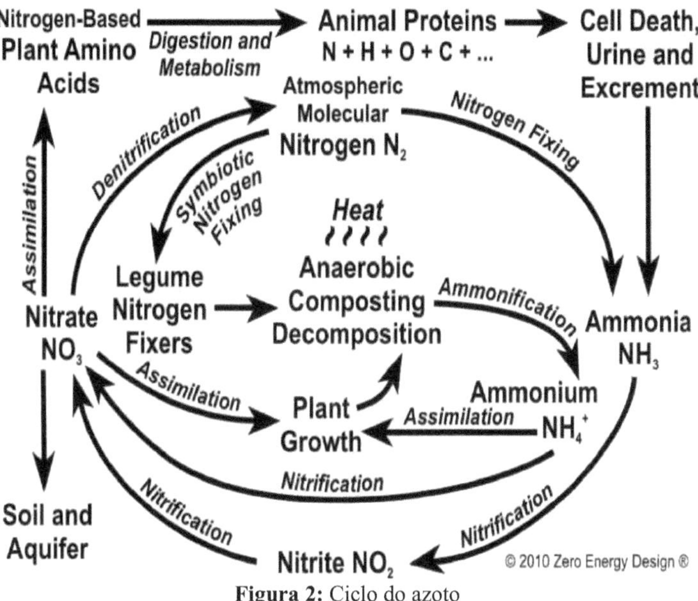

Figura 2: Ciclo do azoto

O ciclo do azoto consiste principalmente na conversão do azoto de um estado para outro. Na maioria das vezes, os microrganismos entram neste sistema para ganhar energia ou para acumular azoto numa forma que necessitam para o seu crescimento e desenvolvimento. As conversões mais importantes do azoto ocorrem nas seguintes etapas.

1. Fixação do azoto: primeira etapa do processo de utilização/conversão do azoto absorvido pelas plantas. Micróbios responsáveis pela conversão do azoto em amónio. Existem dois tipos de bactérias fixadoras de azoto. O primeiro tipo, as bactérias de vida livre (não simbióticas), inclui as cianobactérias ou algas azuis-verdes, *Anabaena*, *Nostoc*, *Azotobacter*, *Beijerinckia* e *Clostridium*. O segundo tipo inclui as bactérias mutualistas (simbióticas), principalmente *Rhizobium*, que estão associadas às leguminosas. A fixação do azoto é bem realizada por microrganismos de vida livre e simbióticos. Estas bactérias possuem a enzima nitrogenase, que combina o azoto gasoso com o hidrogénio para formar amoníaco, que é convertido pelas bactérias noutros compostos orgânicos [32, 35].

2. Nitrificação: o processo de conversão do amónio em nitratos por organismos vivos. Os nitratos são o que os organismos podem absorver. A conversão do amoníaco em nitrato é completada por bactérias que vivem no solo e por outras bactérias nitrificantes.

$^{+}$-A primeira fase da nitrificação envolve a oxidação do amónio (NH_4) por bactérias como as espécies Nitrosomonas, que convertem o amoníaco em nitritos (NO_2). Outras espécies bacterianas, como a *Nitrobacter*, são responsáveis pela oxidação dos nitritos em nitratos (NO_3). O amoníaco é convertido em nitratos ou nitritos, uma vez que o gás amoníaco é tóxico para as plantas. O ião amónio é uma fonte de energia útil para os microrganismos envolvidos no sistema. O nitrito é tóxico para as plantas e os animais. Deve ser imediatamente convertido em nitrato por várias espécies [32, 36, 37, 38].

3. Assimilação: Esta etapa mostra como as plantas absorvem o azoto. As plantas podem absorver nitratos do solo através dos pêlos das suas raízes. Por fim, é utilizado para a produção de componentes celulares como os aminoácidos, os ácidos nucleicos e a clorofila. Nas plantas que têm uma relação simbiótica com rizóbios, parte do azoto é absorvido diretamente dos nódulos sob a forma de iões de amónio. Outras formas de vida também procuram o azoto através da estrutura da cadeia alimentar [39].

4. Amonificação: é a fase de decomposição. Enquanto os organismos vivos morrem, os decompositores, como os fungos e as bactérias, convertem o azoto em amónio. Este pode mais tarde reentrar no ciclo normal do azoto. No processo N2, o azoto é normalmente libertado sob a forma de amoníaco. Este processo é designado por amonificação ou mineralização. Estão envolvidos muitos tipos de enzimas, por exemplo, a Gln sintetase (citosólica e plástica), a Glu-2-oxoglutarato aminotransferase (dependente da ferredoxina e do NADH) e a Glu desidrogenase. No solo, apresenta-se sob a forma de ião amónio (NH_4+), que possui uma carga positiva. Esta carga tende a ligar o azoto aos minerais de argila do solo, o que tem a vantagem de o azoto não se perder tão facilmente por lixiviação ou escoamento. A desvantagem é que não pode migrar facilmente para as raízes das plantas para ser absorvido por elas [32, 39].

5. Desnitrificação: No final do ciclo, moléculas de azoto adicionais são libertadas do solo para a atmosfera. A desnitrificação é a redução dos nitratos de volta ao gás nitrogénio (N_2), largamente inerte, para fechar o ciclo. Esta tarefa é realizada por um grupo especializado e único de bactérias, como as *Pseudomonas* e as *Clostridium*. Estas utilizam o nitrato como aceitador de electrões em vez do oxigénio durante a respiração. As bactérias desnitrificantes utilizam os nitratos no solo para a respiração, produzindo azoto gasoso que é inerte e não está disponível para as plantas. Este processo ocorre na ausência de oxigénio, o que é comum em solos saturados de água. Em última análise, o nitrato é convertido em azoto gasoso e é libertado de novo na atmosfera [32, 40].

Outras opções para atenuar as alterações climáticas

1. Redução da utilização de produtos químicos nas explorações agrícolas, uma vez que é necessário pulverizar menos plantas.

2. Minimizar a utilização de fertilizantes químicos sintéticos na agricultura e utilizar microrganismos promotores de plantas que actuam como biofertilizantes sob a forma de bioinoculação. Finalmente, a emissão de GHS pode ser facilmente interrompida.

3. Dispensar matérias-primas e combustíveis fósseis (madeira) substituindo-os por enzimas e microrganismos ajuda na produção de produtos de base biológica numa variedade de indústrias.

4. Utilização de biocombustíveis e aplicação de estratégias e objectivos de base biológica. Por exemplo, o bioetanol. Os biocombustíveis são produzidos a partir de seres

vivos ou dos resíduos que estes produzem. Um dos biocombustíveis mais comuns é o etanol, que é produzido a partir de plantas. Por conseguinte, é pouco provável que os biocombustíveis produzidos a partir de culturas alimentares, como a cana-de-açúcar, constituam uma solução a longo prazo para substituir os combustíveis fósseis. O açúcar pode então ser fermentado (decomposto) em etanol por micróbios como a levedura *Saccharomyces cerevisiae, Sulfolobus solfataricus* e *Trichoderma reesei.*

5. A utilização de produtos químicos e plásticos potencialmente de base biológica pode substituir os seus equivalentes de origem fóssil, o que comprovadamente conduz a uma redução significativa das emissões de gases com efeito de estufa.

6. Introdução de novas espécies no ecossistema

7. Melhoria da tolerância à seca dos organismos bióticos

8. Minimizar e reduzir as perdas de água na agricultura

9. Aplicar programas de reflorestação em todo o mundo. O armazenamento de carbono pode então ser facilmente gerido

10. Sensibilizar o público e unir-se para salvar a natureza e proteger o ecossistema

Conclusão

Em geral, os microrganismos decompõem a matéria orgânica através do ciclo dos nutrientes, libertando gases com efeito de estufa e acelerando as alterações climáticas globais. Por outro lado, minimizam ou comprometem a emissão de vários gases e abrandam (previnem) as alterações climáticas, convertendo-os numa forma orgânica que pode ser utilizada por eles próprios e por outros. Nos processos ecológicos, os micróbios desempenham um papel importante no consumo (conversão) e na produção de gases. Os mecanismos biológicos regulam a troca de carbono e azoto entre o solo, a água e a atmosfera. A ecologia microbiana para avaliar o ciclo do carbono terrestre desempenha um papel importante no equilíbrio do ecossistema e na estabilização das condições atmosféricas. Os organismos metilotróficos podem utilizar os gases com efeito de estufa como substratos para satisfazer as suas necessidades energéticas e de carbono. Os gases com efeito de estufa são libertados para a atmosfera através da respiração, decomposição e combustão. A própria natureza também assegura uma relação equilibrada de carbono e azoto como parte do ciclo biogeoquímico dos nutrientes.

Recomendação

Para maior clareza, é necessário aprofundar a investigação científica sobre a forma como os microrganismos utilizam e produzem gases com efeito de estufa em resposta às alterações climáticas.

Conflito de interesses

Os autores não declararam quaisquer conflitos de interesses.

Agradecimentos

Gostaria de agradecer ao Instituto de Biodiversidade da Etiópia e ao meu colega pelo seu apoio e pela oportunidade de trabalhar neste relatório.

Referência

1. Singh BK, Bardgett RD, Smith P, Dave SR (2010) Microorganisms and climate change: terrestrial feedbacks and mitigation options. Nat Rev Microbiol 8: 779-790.

2. Joshi PA, Shekhawat DB (2014) Contribuições microbianas para as alterações climáticas globais nos ambientes do solo: impacto no ciclo do carbono: uma breve revisão. Anais de Biociências Aplicadas 1: R7-9.

3. Pradnya A. Joshi, Dhiraj B. Shekhawat (2014) Contribuições microbianas para as alterações climáticas globais nos ambientes do solo: impacto no ciclo do carbono: uma breve revisão. Anais de Biociências Aplicadas 1: R7-9.

4. Venkataramanan. M e Smitha (2011) Causes and effects of global warming (Causas e efeitos do aquecimento global). Jornal Indiano de Ciência e Tecnologia 4(3):226-229.

5. Olufemi Adedeji, Okocha Reuben, Olufemi Olatoye (2014) Alterações climáticas globais. Jornal de Geociências e Proteção do Ambiente 2: 114-122.

6. Davidson EA e Janssens IA (2006) Temperature sensitivity of soil carbon decomposition and feedbacks to climate change. Nature 440:165-173.

7. Sanford RA, Wagner DD, Cu QW, Chee-Sanford J, Thomas SH, Cruz-Garcia C, Rodriguez G, Mas-sol-Deya A, Krishnani KK, Ritalahti KM, Nissen S, Konstantinidis KT, Loffler FE (2012) Unexpected non-denitrifier nitrous oxide reductase gene diversity and abundance in soils. Proceed Natl Acad Sc 109(48): 19709-19714.

8. Charu Gupta, Dhan Prakash e Sneh Gupta. Role of microbes in combating global warming (2014) International Journal of Pharmaceutical Sciences Letters 4 (2): 359363.

9. Lal R (2005) Forest soils and carbon storage (Solos florestais e armazenamento de carbono). Forest Eco Manage 220: 24258.

10. Hasin AAL, Gurman SJ, Murphy LM, Perry A, Simth TJ, Gardiner PHE (2010) Remediação de crómio (VI) por uma bactéria oxidante de metano. Environ Sci Technol 44: 400-405.

11. Swati Tyagi, Ramesh Singh e Shaily Javeria (2014) Efeito das alterações climáticas na interação planta-micróbio: uma visão geral. Jornal Europeu de Biotecnologia Molecular 5(3):149-156.

12. Weiman, S (2015) Os micróbios contribuem para o ciclo global do carbono e para as alterações climáticas. Microbe Mag 10(6): 233-238.

13. Castro, H.F., Classen, A.T., Austin, E.E., Norby, R.J. e Schadt, C. W (2010) Soil microbial community responses to multiple experimental climate change drivers. Appl Env Microbiol 76(40): 999-1007.

14. Fierer, N. and Schimel, J. P.A (2003) Proposed mechanism for the pulse in carbon dioxide production commonly observed following the rapid rewetting of a dry soil. Soil

Sci Soc Am J 67: 798-805.

15. Bardgett, R. D., Freeman, C. & Ostle, N. J (2008) Microbial contributions to climate change through carbon cycle feedbacks. ISMEJ 2: 2805-2814.

16. Allison, S. D., Wallenstein, M. D. & Bradford, M. A (2010) A resposta do carbono do solo ao aquecimento depende da fisiologia microbiana. Nature Geosci 3: 336-340.

17. Friedlingstein, P. *et al.* (2006) Climate-carbon cycle feedback analysis: Results from the C4MIP model intercomparison. J Clim 19: 3337-3353.

18. Steinweg, J. M., Plante, A. F., Conant, R. T., Paul, E. A. & Tanaka, D. L (2008) Patterns of substrate utilisation during long-term incubations at different temperatures. Soil Biol Biochem 40:2722-2728.

19. Bradford, M. A. et al. (2008) Thermal adaptation of soil microbial respiration to elevated temperature (Adaptação térmica da respiração microbiana do solo a temperaturas elevadas). Ecol Lett 11: 1316-1327.

20. Zimmer, C (2010) Der Mikrobenfaktor und seine Rolle in unserer Klimazukunft. http://e360.yale.edu/feature/the microbe fator and its role in our climate future/2279/. Acedido em 15 de dezembro de 2015.

21. Jizhong Zhou, Kai Xue, Jianping Xie, Ye Deng, Liyou Wu, Xiaoli Cheng, Shenfeng Fei, Shiping Deng , Zhili He, Joy D. Van Nostrand e Yiqi Luo (2011) Microbial mediation of carbon-cycle feedbacks to climate warming. NATURE CLIMATE CHANGE. DOI:10.1038/NCLIMATE1331 pp. 1-5.

22. Prosser JI (2007) Microorganisms cycling soil nutrients and their diversity, In *Modern Soil Microbiology*, ed. por Van Elsas JD, Jansson JK e Trevors JT. CRC Press, Nova Iorque, NY, pp. 237-261.

23. Christos Gougoulias, Joanna MClark e Liz J Shaw (2014). O papel dos micróbios do solo no ciclo global do carbono: rastrear o processamento microbiano abaixo do solo de carbono derivado de plantas para manipular a dinâmica do carbono em sistemas agrícolas. J Sci Food Agric 94: 2362-2371.

24. Falkowski PG, Fenchel T e Delong EF (2008) The microbial engines that drive Earth's biogeochemical cycles. Science 320: 1034-1039.

25. Crowther, T.W., Thomas, S.M., Maynard, D.S., Baldrian, P., Covey, K., Frey, S.D., van Diepen, L.T.A. e Bradford, M.A. (2015) As interações bióticas medeiam os feedbacks microbianos do solo às alterações climáticas. Proc Nat Acad Sci 112(22):7033-7038.

26. Semrau JD, DiSpirito AA, Yoon S (2010) Methanotrophs and copper. FEMS Microbiol Rev 34: 496-531.

27. Nikiema J, Bibeau L, Lavoie J, Brzezinski R, Vigneux J, et al. (2005) Biofiltration of methane: An experimental study. Jornal de Engenharia Química 113: 111-117.

28. Bousquet P, Ciais P, Miller JB, Dlugokencky EJ, Hauglustaine DA, et al. (2006) Contribution of anthropogenic and natural sources to atmospheric methane variability. Nature 443: 439-443.

29. Shindell, D., Kuylenstierna, J.C.I., Vignati, E., Dingenen, R., Amann, M., Klimont, Z., Anenberg, S., Muller, N., Janssens-Maenhout, G., Raes, F., Schwartz, J., Faluvegi, G., Pozzoli, L., Kupiainen, K. Hoglund-Isaksson,L.,Emberson,L.,Streets,D., Ramanathan,V.,Hicks,K.,Oanh,N.T.,Milly,G.,Williams,M.,Demkine,V., Fowler,D (*2012*)
Atenuar simultaneamente as alterações climáticas a curto prazo e melhorar a saúde humana e a segurança alimentar. Ciência 335:183-189.

30. Zimmerman, L., e Labonte, B. (2015) Alterações climáticas e o banquete de metano microbiano. ClimateAlert,27(1)http://www.climate.org/publications/Climate%20Alerts/2015sum mer/climatechangemicrobialmethanebanquet.Html.Acedido em 15 de dezembro de 2015.

31. Parul Rajput, Rupali Saxena, Gourav Mishra, SR Mohanty e Archana Tiwari (2013) Biogeochemical Aspect of Atmospheric Methane and Impact of Nanoparticles on Methanotrophs. J Environ Anal Toxicol 3(7): 2-10.

32. Anne Bernhard (2010) O ciclo do azoto: processos, actores e a influência dos seres humanos. Conhecimento sobre Educação Natural 2(2): 1-9.

33. Vitousek, P. M., Menge, D. N. L., Reed, S. C., e Cleveland, C. C (2013) Biological nitrogen fixation: rates, patterns and ecological controls in terrestrial ecosystems, *P. T. Roy. Soc. B*, 368, 20130119, doi:10.1098/rstb.2013.0119.

34. Jama Bashir, Ndufa, J. K., Buresh, R. J., Shepherd, K. D (2013) Distribuição vertical de raízes e nitrato do solo: espécies de árvores e efeitos do fósforo. Jornal da Sociedade Americana de Ciência do Solo 62 (1): 280-286.

35. Orr CH, James A, Leifert C, Cooper JM, Cummings SP, et al. (2011) Diversidade e atividade de bactérias fixadoras de azoto de vida livre e bactérias totais em solos orgânicos e convencionalmente geridos. Appl Environ Microbiol 77: 911-919.

36. Ward BB (2011) Medição e distribuição das taxas de nitrificação nos oceanos. Methods Enzymol 486: 307-323.

37. Kim SW, Miyahara M, Fushinobu S, Wakagi T, Shoun H (2010) Nitrous oxide emission from nitrifying activated sludge dependent on denitrification by ammoniaoxidising bacteria. Bioresour Technol 101: 3958-3963.

38. Wunderlin P Mohn J, Joss A, Emmenegger L, Siegrist H (2012) Mecanismos de produção de N2O no tratamento biológico de águas residuais em condições de nitrificação e desnitrificação. Water Res 46: 1027-1037.

39. Ram Karan Singh, Shwetang Kundu (2014) Revisão sobre a alteração do ciclo natural do azoto: referência especial ao Reino da Arábia Saudita. Revista Internacional de Investigação e Desenvolvimento em Ciências da Engenharia 1(3):73-80.

40. Groffman, P (2012) Desnitrificação terrestre: desafios e oportunidades. Ecol Proc 1(11): 1-11.

41. Etienne Yergeau, Stef Bokhorst, Sanghoon Kang, Jizhong Zhou, Charles W Greer, Rien Aerts e George A Kowalchuk (2012) As mudanças nos microorganismos do solo em resposta ao aquecimento são consistentes numa série de ambientes antárcticos. The ISME Journal 6: 692-702.

42. Emma J. Sayer, Anna E. Oliver, Jason D. Fridley, Andrew P. Askew, Robert T. E. Mills, J. Philip Grime (2017) Ligações entre as comunidades microbianas do solo e as caraterísticas das plantas numa pastagem rica em espécies sob alterações climáticas a longo prazo. Ecologia e Evolução 7: 855-862

www.ducksters.com/science/ecosystems/nitrogen_cycle.php

www.boundless.com/microbiology/textbooks/boundless-microbiology-textbook/microbiological-ecology-16/microbiological-ecology-192/role-of-microbes-in-the-biogeochemical-cycle-961-10506/

PARTE 2
Benefícios dos probióticos para a saúde.

Endeshaw Abatenh*

Departamento de Microbiologia, Instituto de Biodiversidade da Etiópia, Adis Abeba, Etiópia

Resumo

Os probióticos são células vivas que se referem a microrganismos benéficos que podem ter benefícios nutricionais e fisiológicos devido às suas várias propriedades benéficas. Também proporcionam benefícios para a saúde quando consumidos em quantidades suficientes. As estirpes probióticas demonstram uma forte atividade na melhoria da saúde humana. Os grupos de probióticos mais importantes são as estirpes de *Lactobacillus*, *Bifidobacterium*, *Pediococcus*, *Lactococcus*, *Bacillus* e leveduras, que são normalmente utilizadas. Os probióticos tornaram-se recentemente um tópico de grande interesse no domínio da microbiologia, em particular o seu papel na fisiologia normal e o seu impacto na saúde humana em infecções. A utilização de probióticos produziu resultados promissores em numerosos ensaios clínicos bem concebidos. Por exemplo, como opção terapêutica para o tratamento, prevenção e controlo de vários distúrbios e doenças, tais como distúrbios gastrointestinais, alergias, infecções urogenitais, infecções por Helicobacter pylori, síndrome inflamatória intestinal e diarreia, bem como cancro do cólon. Atualmente, tornou-se uma das áreas de investigação mais frutuosas e atractivas, uma vez que pode prevenir e tratar doenças humanas transmissíveis e não transmissíveis. Vários resultados de ensaios clínicos apoiam esta ideia. Os resultados destes estudos exaustivamente investigados e pesquisados demonstraram a melhoria da saúde e da qualidade de vida. A sua aplicação potencial pode ser vista em alimentos funcionais para melhorar a saúde e a nutrição da sociedade. Esta revisão apresenta toda a informação sobre a utilização de probióticos em caraterísticas clínicas humanas e a sua aplicação funcional em áreas da saúde. O artigo fornece uma visão geral dos dados atualmente disponíveis sobre os potenciais benefícios dos probióticos para a saúde.

Palavras-chave: probióticos, doenças, mecanismo, segurança, trato gastrointestinal, bactérias do ácido lático

Introdução

Os probióticos referem-se a flora/microrganismos normais vivos e inofensivos que têm benefícios para a saúde do hospedeiro quando administrados em quantidades suficientes e também têm benefícios nutricionais. O consumo regular de alimentos que contêm microrganismos probióticos é recomendado para estabelecer um equilíbrio positivo na população de micróbios benéficos ou benéficos na flora intestinal. Estes incluem microrganismos probióticos, como as estirpes de Bifidobacterium e Lactobacillus, que se encontram na flora intestinal e em suplementos alimentares e que variam muito em termos de composição e número. A microbiota intestinal desempenha um papel crucial na manutenção da saúde humana [1-3].

Os objectivos finais das intervenções microbiológicas com probióticos podem ser equilibrar ou melhorar/restaurar a estrutura, a composição e a função da comunidade microbiana num organismo. Visam também reduzir a invasão e a colonização/desenvolvimento de agentes patogénicos. Foi relatado que os microrganismos probióticos melhoram o trânsito geral através do trato gastrointestinal, produzem vitaminas e contribuem para a disponibilidade de vitaminas para o hospedeiro humano. Os probióticos são amplamente utilizados nos sectores da alimentação humana e animal, dos lacticínios e da fermentação como abordagens não farmacológicas para a gestão da saúde [4]. Os produtos probióticos podem ter funções-alvo específicas no trato digestivo humano. Em particular, já se sabe que reduzem o risco e curam doenças nos seres humanos. O consumo de células probióticas através dos alimentos é atualmente a abordagem mais popular. O consumo de probióticos pode também ser útil na redução do risco de certas doenças e no alívio de sintomas objectivos e subjectivos. Os microrganismos probióticos estão normalmente disponíveis como concentrados de cultura em forma seca ou congelada, que são adicionados a uma matriz alimentar. A função dos probióticos no fortalecimento de todo o sistema imunitário tem sido amplamente estudada [5,6]. A flora normal do trato gastrointestinal desempenha um papel importante na manutenção da saúde. Isto inclui a estrutura e a função histológica, as funções metabólicas e as funções de proteção, ou seja, os micróbios ajudam a reduzir as toxinas intestinais e a limpar o organismo.

Os probióticos são normalmente adicionados aos alimentos, especiarias e bebidas como parte do processo de fermentação numa fase adequada. Devido ao seu longo tempo de sobrevivência e à sua capacidade polivalente. Existem diferentes mecanismos de administração com base no intervalo de classe etária. Podem ser tomados por via oral sob a forma de cápsulas ou alimentos probióticos. Para obter um efeito saudável, as células probióticas presentes nos alimentos devem ser constantemente viáveis e adaptar-se ao ambiente extremamente agressivo do trato digestivo. [6-1]Por outro lado, devem ser estáveis durante o trânsito gastrointestinal e cumprir uma contagem de células de, pelo menos, 10 UFC g . Embora os produtos lácteos sejam sugeridos como o principal veículo para a transferência de probióticos, existem também outros produtos não lácteos [7]. O termo probiótico engloba inúmeras bactérias e outros microrganismos, por exemplo, leveduras, e cada estirpe de probiótico actua de uma forma particular. Por conseguinte, se um benefício médico específico tiver sido demonstrado para uma estirpe, isso não significa que todos os probióticos possam proporcionar esse benefício médico. Cada estirpe deve ser testada quanto ao seu efeito específico, independentemente das outras.

O objetivo do presente documento é criar uma melhor compreensão dos probióticos, apelar a mais estudos sobre estes aspectos da utilização e resumir os estudos actuais sobre os efeitos dos probióticos na saúde humana.

A relação entre os probióticos e a nossa saúde pode ser resumida nos seguintes pontos e factos:

1. Os probióticos são formas úteis de microorganismos amigos.

2. Os probióticos podem combater os microrganismos nocivos em todas as circunstâncias e manter/colonizar o sistema digestivo humano.

3. Os probióticos ajudam a decompor os alimentos em complexos muito mais pequenos, fermentando-os e promovendo a nossa saúde através de muitos mecanismos diferentes.

4. A quantidade e a qualidade dos probióticos são reduzidas por muitas razões, por exemplo, alimentação incorrecta, álcool, idade, etc.. Por conseguinte, devem ser tomados como parte da dieta normal.

5. Em alguns casos, como após tratamentos com antibióticos, em que são muito sensíveis, os probióticos podem ser gravemente afectados, pelo que, para superar o desafio, devem ser tomados na quantidade certa por via oral ou com alimentos.

6. Os probióticos promovem mais ativamente a saúde do que ela:

a. Pulverizar o sintoma de agentes patogénicos ou microorganismos nocivos.

b. Nutre o corpo com subprodutos valiosos.

c. Apoia o nosso sistema digestivo, facilitando o seu funcionamento.

d. Limitam os efeitos do ataque primário dos compostos nocivos, em vez das nossas células, através do seu biofilme que protege o nosso sistema digestivo.

e. Reduzir a quantidade de alimentos de que o nosso corpo necessita devido à correta absorção e digestão de qualquer quantidade de alimentos.

f. Em alguns casos, os probióticos podem complementar a deficiência no nosso genoma, ajudando-nos a tomar emprestados os produtos dos seus genes (por exemplo, no caso da deficiência de fermentação da lactose). Neste ponto, devemos salientar que os probióticos, ou qualquer outra coisa nas nossas vidas, não devem exceder um certo limite e devem ser utilizados de forma sensata para alcançar os melhores resultados [8].

O que são probióticos?

De acordo com a definição atual da OMS/Organização Mundial de Agricultura (2010), os probióticos são um suplemento oral ou um alimento que contém um número suficiente de microrganismos viáveis para modificar a microflora do hospedeiro e tem o potencial de ter um efeito benéfico na saúde do hospedeiro quando administrado em quantidades adequadas [9,10].

Espécies utilizadas

Foram utilizados numerosos tipos de micróbios como probióticos. Estes podem ser leveduras, bactérias ou bolores. Na maioria dos casos, contudo, predominam as espécies bacterianas (Quadro 1) [2, 11-16].

***Quadro 1** Espécies utilizadas como probióticos.*

List of probiotic species	Group of Microbes	Reference
Lactobacillus sacidophilus, Lactobacillus bulgaricus, Lactobacillus casei, Lactobacillus fermentum, Lactobacillus lactis, Lactobacillus acidophilus, Lactobacillus paracasei, L. rhamnosus, L. delbrueckii subsp. bulgaricus, L. brevis, L. johnsonii, Lactobacillus plantarum, Lactobacillus salivarius, Lactobacillus fermentum, Lactobacillus kefir	Lactic acid producing bacteria	[2,11-16]
Enterococcus faecalis, Enterococcus faecium, Esherichia coli Nissle, Streptococcus thermophiles, Propinobacterium	Non lactic acid producing bacteria	
Bifidobacterium adolescentis, Bifidobacterium bifidum, Bifidobacterium breve, Bifidobacterium lactis, Bifidobacterium longum, Bifidobacterium infantis, B. animalis subsp animalis, B. animalis subsp lactis, B. bifidum	Bifidobacterium species	
Sacchromyces boulardii	Nonpathogenic yeast	
Coccobacillus, Lactobacillus, Streptococcus, Leuconostoc, Lactococcus lactis subsp. Lactis, Pediococcus, Propionibacterium, Enterococcus, Enterococcus durans, Bifidobacterium, Bacillus, Bacillus coagulans, Bacillus subtilis, Saccharomyces cerevisiae, Candida pintolopesii, Aspergillus niger, A. oryzae, Bacillus lichenformis, B. cereus var. toyoi, B. clausii, B. coagulans, B. laterosporus, B. pumilus, B. racemilacticus, Streptococcu sthermophiles	Non spore forming	

Caraterísticas de um bom probiótico

Vários estudos de investigação demonstraram que os probióticos têm propriedades potenciais únicas. Para serem considerados para utilização e seleção como probióticos, as suas propriedades de segurança, tecnológicas e funcionais devem ser investigadas. Além disso, devem ser cumpridos os seguintes critérios:

1. Os probióticos devem ser capazes de exercer um efeito positivo no animal hospedeiro, aumentando a resistência às doenças.

2. Os probióticos devem ser de origem humana.

3. Os probióticos devem ter uma viabilidade celular excessiva.

4. Os probióticos devem ser não patogénicos e não tóxicos.

5. Deve ser capaz de interagir com o imunomodulador ou enviar-lhe sinais.

6. Deve ter a capacidade de influenciar a atividade metabólica local.

7. Deve ser adequado para a sobrevivência e transformação no intestino, tal como a resistência a valores de pH baixos e a ácidos orgânicos.

8. Os probióticos devem ser estáveis, seguros e eficazes e concebidos para

permanecerem viáveis em condições de armazenamento e de campo durante um longo período de tempo.

9. Deve ter o poder de restaurar e substituir a microflora intestinal.

10. Diz-se que tem um efeito anticancerígeno e antimutagénico, reduz o colesterol, mantém a integridade das membranas mucosas e melhora a motilidade intestinal [13].

11. Deve ser capaz de acelerar, facilitar e colonizar/manter o trato digestivo.

12. Devem ser capazes de resistir aos sucos gástricos e ao ácido biliar, o que parece ser crucial para a administração oral.

13. A adesão às superfícies mucosas e epiteliais é uma propriedade importante para uma imunomodulação bem sucedida, para a exclusão competitiva de agentes patogénicos e para a prevenção da adesão e colonização de agentes patogénicos.

14. Atividade antimicrobiana contra bactérias patogénicas.

15. atividade da hidrolase de sais biliares [15-17].

16. A resistência aos antibióticos pode ajudá-los a sobreviver na presença de medicamentos administrados e de outros compostos antimicrobianos [4, 15, 16, 18].

17. Multiplicação rápida com colonização permanente ou temporária do trato gastrointestinal.

18. Estabilização da microflora intestinal e não patogenicidade.

19. Sobrevivem ao passar pelo trato gastrointestinal a um pH baixo e em contacto com a bílis [15, 16, 19, 20].

Os requisitos mínimos para o estatuto de probiótico incluem

1. Avaliação da identidade da estirpe (género, espécie e nível da estirpe).

2. Testes in vitro para despistar potenciais probióticos: por exemplo, resistência ao ácido gástrico, ao ácido biliar e às enzimas digestivas, bem como atividade antimicrobiana contra bactérias potencialmente patogénicas

3. Avaliação da segurança: Requisitos para demonstrar que uma estirpe probiótica é segura e não contaminada na sua forma farmacêutica.

4. Estudos in vivo para demonstrar os efeitos na saúde do hospedeiro-alvo.

Mecanismo de ação

Os probióticos têm diferentes mecanismos de ação, dos quais são atualmente conhecidos três modos de ação principais. O primeiro é a competição por nutrientes e nichos ecológicos. Neste ponto, a flora anaeróbica indígena limita a concentração de flora potencialmente patogénica no trato digestivo. Os probióticos podem ter um efeito direto sobre outros microrganismos, inibindo a adesão de agentes patogénicos - um importante mecanismo de defesa que serve para manter a saúde interna. Foi demonstrado que *os lactobacilos* e *as bifidobactérias* inibem um amplo espetro de agentes patogénicos, colonizando as bactérias patogénicas e, em última análise, actuando de forma antagónica contra os agentes patogénicos gastrointestinais. Este princípio é, em muitos casos, crucial para a prevenção e o tratamento de infecções e para a restauração do equilíbrio microbiano no intestino. O segundo mecanismo consiste na produção de substâncias contra os microrganismos, bacteriocinas, toxinas, ácidos orgânicos, ácidos gordos de cadeia curta e na diminuição do valor do pH no intestino. Estas substâncias inibem o crescimento de outros micróbios nocivos, tais como os agentes patogénicos de origem alimentar e os organismos de deterioração no ambiente do TGI e, em seguida, levam à morte do agente patogénico através da criação de condições antagónicas, que por sua vez podem levar à inativação de toxinas. O modo de ação dos probióticos baseia-se em produtos microbianos que determinam uma ação probiótica específica e a sua utilização eficaz para prevenir ou tratar uma doença específica através da destruição das células-alvo. O terceiro mecanismo é a estimulação/modulação de respostas imunitárias específicas e não específicas através da ativação de células T, da produção de citocinas e de uma imunomodulação abrangente através da indução da fagocitose e da secreção de IgA, da modificação das respostas das células T, da amplificação das respostas Th1 e da atenuação das respostas Th2. Este modo de ação é muito provavelmente importante para a prevenção e tratamento de doenças infecciosas [17, 21-24]. As bactérias probióticas podem exercer um efeito imunomodulador. Estas bactérias têm a capacidade de interagir com células epiteliais e dendríticas (DCs), bem como com monócitos/macrófagos e linfócitos. Interagem em diferentes estratégias e modulam o sistema imunitário de uma forma favorável [2]. Os benefícios imunológicos dos probióticos podem ser devidos à ativação de macrófagos locais e à modulação da produção de IgA a nível local e sistémico, a alterações nos perfis de citocinas pró-/anti-inflamatórias ou à modulação da resposta a antigénios alimentares [25,26].

Os probióticos têm um mecanismo de ação em três fases

(i) Estimula e modula a resposta imunitária.

(ii) Normaliza a microflora intestinal, assegurando a resistência à colonização e controlando a síndrome do intestino irritável e outras doenças inflamatórias intestinais.

(iii) O último mecanismo é também o efeito metabólico, como a desconjugação e a secreção de sais biliares, a hidrólise da lactose, a redução das reacções tóxicas e mutagénicas no intestino e o fornecimento de nutrientes ao epitélio do cólon [27].

Origem dos probióticos

Os probióticos derivam principalmente de compostos de hidratos de carbono indigestos fermentados, suplementos dietéticos, compostos à base de produtos lácteos, alimentos fermentados não lácteos e fontes não intestinais. Os microrganismos probióticos podem ser isolados, selecionados, identificados e caracterizados a partir de numerosos substratos naturais. As fontes da estirpe poderosa diversificaram-se nos últimos anos e continuam a crescer. Esta ideia é também apoiada pelas equipas de investigação abaixo indicadas. Além disso, as pessoas estão a explorar alimentos que contêm células vivas porque podem melhorar a qualidade nutricional, a biodisponibilidade de micronutrientes e possuem propriedades antioxidantes. A propriedade antioxidante ajuda a combater o stress oxidativo, reforça o mecanismo de defesa antioxidante do hospedeiro e retarda o envelhecimento. A biodisponibilidade dos micronutrientes tem também propriedades antioxidantes. A propriedade antioxidante ajuda a combater o stress oxidativo, reforça os mecanismos de defesa antioxidante do hospedeiro e retarda o envelhecimento. Por conseguinte, muitos alimentos probióticos podem efetivamente satisfazer os interesses das pessoas em qualquer idade [15,18, 28-34].

Benefícios dos probióticos para a saúde

As estirpes de bactérias do ácido lático (LAB) têm uma longa história de utilização. As BAL, incluindo várias espécies de Lactobacillus e Enterococcus, têm sido consumidas diariamente desde que os humanos começaram a utilizar o leite fermentado como alimento. Os efeitos dos probióticos são específicos de cada estirpe - os efeitos descritos para uma estirpe não podem ser aplicados especificamente a outras, e cada estirpe individual de bactérias probióticas tem os seus próprios benefícios para a saúde. Os principais efeitos benéficos estão relacionados com diferentes doenças. Os probióticos têm uma enorme importância e aplicação no controlo de vários tipos de infecções microbianas. Os probióticos são utilizados para melhorar a saúde humana, o controlo de infecções, o tratamento e a gestão de doenças (Quadro 2) [7,35-67].

Quadro 2: *O papel dos probióticos na melhoria da saúde, no controlo de infecções e no tratamento de doenças.*

Probiotic Strains	Types of diseases or disorder	Probiotic outcomes/results	References
Oxalobacter formigenes Lactobacillus and Bifidobacterium species, (Lactobacillus plantarum PBS067, Lactobacillus acidophilus LA-14, Bifidobacterium breve PBS077, Bifidobacterium longum PBS078)	Kidney/Urinary stones	(i)Modify or utilize several types of urinary stone. (ii) Act as a key tool to manipulate, metabolize and degrade a toxic compound.	[35-37]
Lactobacillus GG, L. rhamnosus Lactis, Lactobacillus fermentum, Bifidobacterium bifidum, Bifidobacterium lactis, L. acidophilus, L. casei, L. salivarius and Lactococcus lactis	Atopic Diseases	(i) Atopic eczema reduction is observed, and skin condition also improved. (ii) Atopic dermatitis symptoms are removed from infants who found in moderate- to severe condition. It is mainly depends on the selection of specific probiotic strains, time of administration (on set time), duration of exposure, and dosage.	[38,39]
L. casei, L. rhamnosus, S. thermophilus,B. breve, L. acidophilus, B.infantis, L. delbrueckii subsp. Bulgaricus, L. reuteri DSM 17938	Colic	Very effective in reducing colic in breastfed infants and children.	[40-42]
Lactobacillus, Bifidobacerium and L. johnsonii	*Helicobacter pylori* infection	Destruction the adverse effects of H. pylori through the release of bacteriocins, production of organic acids, and competitive colonization in epithelial or mucosal cells. At that time can hinder its growth, adhesion and bacterial load.	[7,43-45]

Lactobacillus rhamnosus, L. rhamnosus GG, B. animalis subsp. lactis alone or in combination with S treptococcus. thermophilus,and L. reuteri, L. rhamnosus (not GG), and L. acidophilus, Saccharomyces boulardii. Lactobacillus casei	Acute and antibiotic-associated diarrhea	(i)Competitive blockage of receptor site signals regulating secretory and motility defenses. (ii) Enhancement of the immune response, and production of substances that directly inactivate the viral particles. (iii)Inhibit the growth by preventing adhesion and invasion of pathogens.	[46,47]
Lactobacillus rhamnosus, Lactobacillus reuteri,Propionibacterium freudenreichii	*Candida* infection	Used as a therapeutic option to combat fungal pathogen.	[48,49]
Bifidobacterium species, Bifidobacterium lactis, Bifidobacterium longum, Bifidobacterium breve, Bifidobacterium infantis, Lactobacillus casei, Lactobacillus rhamnosus, Streptococcus thermophiles, Lactobacillus acidophilus, Lactobacillus bulgaricus	Constipation	(i)Altering microflora and restoring disturbed community in side GIT, (ii) Participating and solving undesired gastro intestinal problems. (iii)Improving/ managing whole gut transit time, stool frequency and consistency.	[50-52]
L. acidophilus, L. plantarum, L. casei, B.lactis, S cerevisiae	Irritable bowel syndrom	(i) Reduction of irritable bowel syndrome symptoms. (ii) Effective in alleviating and managing symptoms of this unpleasant condition.	[53-55]
L. GG, L. casei Shirota, L. acidophilus, B. bifidum, L. rhamnosus, L. plantarum and *L. paracase, Streptococcus salivarius, Bifidobacterium animalis subsp. lactis*	Acute viral upper respiratory infections	(i)Colonizing epithelial cells and keep away from adherence of pathogens. (ii) Create adhesion, binding sites, nutrients and space competition lastly able to avoid risk of upper respiratory track completely.	[56-59]
B. animalis subsp. *Lactis, L. lactis* subsp. *lactis*	Modulation of gut –brain axis	(i) Modulation of brain activity and Provide mental health.(ii) Maintaining the functionality of the central nervous system through metabolic, neuroendocrine and immune pathways.(iii) Contribute to the early development of normal social and cognitive behaviors. (iv) Useful strains having positive direct effect on central nervous system and also solve disorders.	[60,61]
Lactic acid bacteria	Colon Cancer	(i) Comprise modification of the metabolic activities of intestinal micro flora and alteration of physicochemical conditions in the colon as well as binding site. (ii) Biodegradation of potential carcinogens. (iii) Production of anti-	[62,63]

		tumorigenic or mutagenic compounds due to ability to decrease the activity of enzyme called β glucuronidase. (iv) Increasing the host immune response, by alteration in pro-cancerous enzymatic activity of colonic microorganisms.	
Lactobacillus acidophilus NCFM, *Lactobacillus gasseri* SBT2055, *L. rhamnosus* CGMCC1.3724	Diabetes and Obesity	(i) Decrease the risk of type two diabetes mellitus and insulin resistance. (ii) By improving and maintaining the metabolic equilibrium of the host then actual weight loss is observed significantly.	[64-67]

Probióticos e alergia

As alergias são reacções mal direcionadas do sistema imunitário em resposta a partículas (na realidade inofensivas). Os probióticos tratam as alergias curando o sistema digestivo danificado, o que reduz a inflamação, estabiliza o sistema imunitário e reforça o revestimento intestinal. Uma alergia é uma reação de hipersensibilidade desencadeada por mecanismos imunológicos. Os probióticos alteram a estrutura dos antigénios, reduzindo a sua imunogenicidade, a permeabilidade intestinal e a produção de citocinas pró-inflamatórias que ocorrem em pacientes com uma variedade de doenças alérgicas [68]. *Lactobacillus GG* e *L. rhamnosus GG* aliviam os sintomas de alergias alimentares e, ao mesmo tempo, desempenham um papel importante na redução do risco de desenvolver doenças alérgicas [19,69]. As estratégias conhecidas para resolver as doenças alérgicas incluem a prevenção da translocação de antigénios para a corrente sanguínea, a melhoria da função de barreira da mucosa e a prevenção de respostas imunológicas excessivas ao aumento da estimulação antigénica intestinal.

Probióticos e tensão arterial

Os probióticos e os seus produtos também demonstraram melhorar a tensão arterial através de mecanismos como a melhoria dos níveis de colesterol total e de colesterol de lipoproteínas de baixa densidade [70,71]. Reduzem os níveis de glucose no sangue e a resistência à insulina, regulam o sistema renina-angiotensina e conduzem a uma redução significativa dos níveis de colesterol no sangue ou no soro quando o colesterol está elevado. Curiosamente, a ingestão de probióticos poderia contribuir para a redução da pressão arterial na hipertensão. *Lactobacillus helveticus*

Saccharomyces cerevisiae, Lactobacillus rhamnosus GG, Lactobacillus casei, Lactobacillus acidophilus, Lactobacillus rhamnosus, Lactobacillus bulgaricus, Bifidobacterium breve, Bifidobacterium longum Streptococcus thermophiles, Lactobacillus delbrueckii ssp. Bulgaricus, Lactobacillus kefiri são frequentemente utilizados para combater a tensão arterial elevada [72,73].

Probióticos e doenças inflamatórias intestinais

A ingestão de bactérias probióticas tem a capacidade de estabilizar a barreira imunológica na mucosa intestinal, reduzindo a formação de citocinas pró-inflamatórias locais. Os probióticos são utilizados no tratamento de doenças inflamatórias do intestino, como a colite ulcerosa, a doença de Crohn e a pouchite. Os mecanismos possíveis incluem a supressão do crescimento ou da ligação epitelial e a invasão por bactérias patogénicas, a produção de substâncias antimicrobianas, a melhoria da função de barreira epitelial e a regulação imunitária. Os efeitos dos probióticos são provavelmente dependentes da estirpe e da dose [74].

Probióticos e infecções urogenitais (vaginite bacteriana)

A vaginose bacteriana é uma doença vaginal anormal caracterizada por corrimento vaginal e causada por um crescimento excessivo de bactérias atípicas na vagina. Uma infeção do trato urinário é uma infeção que afecta os rins, os ureteres, a bexiga ou a uretra. Estas são as estruturas pelas quais a urina passa antes de ser excretada do corpo. Uma infeção urogenital deve-se a uma alteração do ambiente vaginal em que a concentração *de lactobacilos* diminui ou deixa de estar presente. *Os Lactobacillus spp.* são os factores microbianos mais importantes que determinam a presença, o crescimento, a colonização e a persistência de microrganismos não endógenos na vagina. À medida que o número de *Lactobacillus spp.* diminui, a proteção que proporcionam contra os uropatógenos também diminui. Supõe-se também que *os lactobacilos* formam biofilmes que cobrem as células urogenitais. A utilização de *lactobacilos* na vaginose bacteriana é apoiada por resultados positivos em estudos clínicos. As cápsulas probióticas que contêm *Lactobacillus rhamnosus, Lactobacillus crispatus, Lactobacillus gasseri, Lactobacillus vaginalis, Lactobacillus acidophilus, Lactobacillus reuteri* e *Streptococcus thermophilus* são eficazes na prevenção da vaginose bacteriana recorrente [75- 77]. Os principais mecanismos pelos quais os lactobacilos exercem as suas funções protectoras nos cuidados de saúde urogenital são:

1. Estimulação do sistema imunitário.

2. Competição com outros microrganismos pelos nutrientes e pela adesão ao epitélio vaginal, às células do trato urinário e do trato vaginal.

3. Redução do valor do pH vaginal através da produção de ácidos orgânicos, nomeadamente ácido lático.

4. Produção de substâncias antimicrobianas e exclusão da concorrência A produção de inibidores como as bacteriocinas e o peróxido de hidrogénio.

Probióticos e doenças do fígado

A microflora que reside no lúmen intestinal desempenha um papel importante na função dos hepatócitos. As alterações do tipo e da quantidade de microrganismos que vivem no intestino podem conduzir a disfunções hepáticas graves e prejudiciais, como a cirrose, a doença hepática gorda não alcoólica, a doença hepática alcoólica e a encefalopatia hepática. Os probióticos são utilizados como uma nova estratégia de tratamento da doença hepática com base num mecanismo de regulação, restauração e modificação da microflora intestinal e da função imunitária [78,79]. Os probióticos são úteis no tratamento da doença hepática crónica, uma vez que impedem a invasão de microrganismos na corrente sanguínea e, em última análise, no fígado, aumentando a força da barreira intestinal [80].

Os probióticos e a assimilação do colesterol

As estirpes de probióticos, especialmente os organismos microscópicos de ácido lático (bactérias), desempenham um papel notável na redução dos níveis de colesterol. Os níveis de colesterol podem ser reduzidos direta ou indiretamente através da utilização de probióticos. O mecanismo direto envolve a inibição da síntese denovo ou a redução da absorção intestinal do colesterol da dieta. A redução da absorção do colesterol da dieta pode ocorrer de três formas: por assimilação, ligação ou degradação. As estirpes probióticas absorvem o colesterol para a sua própria digestão. As estirpes probióticas podem ligar-se às partículas de colesterol e são capazes de decompor o colesterol nos seus produtos de degradação. Os níveis de colesterol podem ser reduzidos indiretamente através da desconjugação do colesterol em ácidos biliares, reduzindo assim o conjunto total do corpo. A redução do colesterol total pode ser conseguida com *B. animalis subsp. lactis MB 202/DSMZ 23733, B. bifidum, B. breve* [81]. A hipercolesterolemia (níveis elevados de colesterol no sangue) é considerada um dos principais factores de risco para o desenvolvimento de doenças coronárias. Por conseguinte, a redução dos níveis de colesterol sérico é importante para prevenir esta doença. A capacidade dos isolados de BAL para remover o colesterol foi estudada *in vitro* e *in vivo*. *Lactobacillus pentosus LP05, L. brevis LB32, L. reuteri* e *L. plantarum* são particularmente eficazes [82-84].

Probióticos e cáries dentárias

A cárie dentária é uma doença multifatorial de origem bacteriana caracterizada pela desmineralização corrosiva do esmalte. Parece seguir-se a alterações na homeostasia do ambiente oral que levam à proliferação de biofilme bacteriano, composto principalmente por estreptococos do grupo mutans. Para que um probiótico seja útil na contenção ou prevenção da cárie dentária, deve ter a capacidade de aderir às superfícies dentárias e de se coordenar com os grupos bacterianos que formam o biofilme dentário. Deve também competir e antagonizar as bactérias cariogénicas, impedindo-as de se multiplicarem. Finalmente, a metabolização de açúcares de qualidade alimentar pelo probiótico deve resultar numa baixa produção de ácido. A vantagem da utilização de probióticos em produtos lácteos reside na sua capacidade de neutralizar condições ácidas. Por exemplo, foi recentemente demonstrado que o queijo previne a desmineralização do esmalte dentário e promove a sua remineralização [48,85].

Probióticos e tratamento ortodôntico

A doença das manchas brancas é causada pelo Streptococcus mutans e é a cicatriz básica que ocorre durante e após o tratamento ortodôntico. Os micróbios promotores de bem-estar podem corrigir o desequilíbrio do biofilme oral, inibindo fortemente os agentes patogénicos e aumentando o pH do ambiente oral, revertendo a desmineralização. Os aparelhos ortodônticos fixos são considerados uma ameaça ao bem-estar dentário, uma vez que acumulam microrganismos que podem causar a desmineralização do esmalte, clinicamente visível como doença das manchas brancas. Além disso, a complicada disposição das bandas e brackets ortodônticos pode criar um ambiente biológico que favorece o aparecimento e desenvolvimento de estirpes de estreptococos mutans cariogénicos. A formação de lesões de manchas brancas pode ser vista como um desequilíbrio entre a perda e o ganho de minerais, e ensaios recentes adequados têm investigado métodos para prevenir este efeito secundário do tratamento ortodôntico. São necessários estudos para esclarecer se o uso de probióticos pode ser eficaz como um método alternativo para prevenir a desmineralização e as manchas brancas [86]. Os probióticos derivados de *Lactobacilli brevis, Bifidobacterium animalis subsp. Lactis BB-12 e Bifidobacterium lactis*, na forma de pastilhas, foram capazes de reduzir a *concentração de S. mutans* na placa ao redor dos braquetes ortodônticos [87,88].

Probióticos e saúde oral

Um dos benefícios mais importantes dos probióticos na cavidade oral é o alívio da inflamação. Os probióticos podem ajudar a destruir os micróbios nocivos na cavidade oral, combatendo-os, e ajudam a manter as gengivas e os dentes saudáveis. Como os probióticos são um tratamento totalmente natural, não devem ter efeitos secundários [89, 90]. Tanto o *Lactobacillus acidophilus* como o *Bifidobacterium lactis* têm propriedades antifúngicas conhecidas [91].

Probióticos e prótese das cordas vocais

Os probióticos reduzem significativamente a ocorrência de bactérias patogénicas nos biofilmes das próteses vocais. Impedem efetivamente o desenvolvimento de biofilmes nas próteses vocais, o que pode dever-se à presença de *Streptococcus thermophiles* e *Lactobacillus bulgaricus* [13].

Os probióticos e o mau hálito

A halitose ou mau hálito é uma condição em que o hálito tem um odor desagradável. Tem muitas causas, por exemplo, o consumo de certos alimentos, distúrbios metabólicos, infecções do trato respiratório e irregularidades na microflora da cavidade oral. Essencialmente, é causado pela atividade de bactérias anaeróbias que decompõem as proteínas salivares e alimentares em aminoácidos, que são depois convertidos em compostos de enxofre voláteis, incluindo sulfureto de hidrogénio e metanotiol. *O Streptococcus salivarius* actua como um probiótico comensal na cavidade oral. Esta estirpe tem sido tipicamente estudada e reconhecida em grupos de pessoas sem mau odor oral [92,93]. Sabe-se que o *S. salivarius* produz bacteriocinas que podem ajudar a reduzir o número de organismos microscópicos que produzem compostos de enxofre voláteis. A utilização de pastilhas elásticas ou cápsulas contendo

5. salivarius K12 (BLIS Technologies Ltd., Dunedin, Nova Zelândia) reduziu o nível de compostos sulfurados voláteis em pacientes diagnosticados com mau hálito [93]. Tomar regularmente um suplemento probiótico. Há boas provas de que ajuda a regular o crescimento de bactérias nocivas. *S. salivariu, L. salivarius, L. reuteri, L. casei* e *W. cibaria* têm sido propostos como opções de tratamento [94].

Probióticos e doença periodontal

Estudos demonstraram que a proliferação de *lactobacilos*, especialmente *Lactobacillus gasseri* e *L. fermentum*, na cavidade oral era mais pronunciada em indivíduos saudáveis do que em pacientes com periodontite crónica. Diversos estudos têm demonstrado que os lactobacilos podem suprimir o desenvolvimento de agentes patogénicos periodontais, incluindo *P. gingivalis, Prevotella intermedia* e *A. actinomycetemcomitans*. Em conjunto, estes resultados sugerem que os *lactobacilos* que vivem na cavidade oral podem desempenhar um papel no equilíbrio ecológico da boca [95]. *L. brevis, L. casei, L. salivarius, estirpes reuteri, Bacillus subtilis, L. reuteri e L. brevis* têm um efeito anti-inflamatório que reduz o número de agentes patogénicos nos tecidos periodontais [96].

Melhoria do sistema imunitário/estimulação da imunidade

Os probióticos têm um efeito biológico na funcionalidade imunológica. Os benefícios imunológicos dos probióticos podem ser devidos à ativação de macrófagos locais e à modulação da produção de IgA a nível local e sistémico, a alterações nos perfis de citocinas pró e anti-inflamatórias ou à modulação da resposta a antigénios alimentares [26]. As propriedades intrínsecas dos lactobacilos para modular o sistema imunitário tornam-nos interessantes para aplicações no domínio do bem-estar. Os sistemas propostos melhoram as defesas não específicas e específicas dos antigénios contra infecções e tumores, actuam como adjuvantes nas respostas imunitárias específicas dos antigénios, regulam/influenciam as células Th1/Th2, produzem citocinas anti-inflamatórias, melhoram a ação fagocítica dos granulócitos, a secreção de citocinas nos linfócitos e aumentam as células emissoras de imunoglobulinas no sangue para aumentar a produção de anticorpos. Estas são respostas comuns dos probióticos, todas elas indicando alterações no sistema imunitário. Numa resposta imunitária inflamatória, são libertados monócitos e macrófagos activados por citocinas, que libertam partículas citotóxicas que podem destruir células tumorais e agentes patogénicos no organismo.

Probióticos e VIH

Os probióticos parecem ajudar a manter uma camada epitelial intestinal forte, a melhorar a função de barreira do intestino e a estimular a imunidade inata, que actua como a primeira camada de defesa contra a libertação de partículas virais e de agentes patogénicos bacterianos. Quando o sistema imunitário está bem desenvolvido, pode impedir a replicação do VIH e retardar a progressão da SIDA no hospedeiro. O consumo diário de probióticos durante um longo período de tempo pode melhorar a contagem de CD4 em pessoas com VIH. Uma análise da saliva de vários voluntários mostrou que algumas estirpes de Lactobacillus produzem proteínas capazes de se ligar a um tipo específico de açúcar, chamado manose, que se encontra no envelope do VIH. A ligação do açúcar permite que os organismos microscópicos (bactérias) adiram e colonizem a membrana mucosa da boca e do trato gastrointestinal. Uma das estirpes libertou abundantes partículas de proteína de ligação à manose no seu ambiente, que se ligaram ao revestimento de açúcar e neutralizaram o VIH. Observou-se também que as células imunitárias aprisionadas pelos *lactobacilos* levaram à formação de aglomerados que imobilizaram todas as células imunitárias portadoras do VIH e impediram-nas de infetar outras células [27].

Aspectos de segurança e efeitos secundários nocivos dos probióticos

Os probióticos podem causar quatro tipos de efeitos secundários em indivíduos susceptíveis: infecções sistémicas, actividades metabólicas nocivas, estimulação excessiva do sistema imunitário e transferência de genes. Se a dose ingerida for muito elevada, podem causar infecções nos seres humanos, não só em todos os grupos etários, mas também em indivíduos imunocomprometidos. Podem ser utilizadas três abordagens para avaliar a segurança de uma estirpe probiótica: Estudos sobre as propriedades intrínsecas da estirpe, estudos sobre a farmacocinética da estirpe (sobrevivência, efeito no trato digestivo, relações dose-resposta, regeneração fecal e da mucosa) e estudos que procuram interações entre a estirpe e o hospedeiro [97]. Pensa-se que os sintomas de reacções adversas surgem devido a interações bactéria-hospedeiro em que a preparação probiótica entra em conflito com o habitat atual da microbiota do utilizador e acaba por desencadear uma resposta. As reacções normais aos probióticos incluem: movimentos intestinais anormais, inchaço, flatulência,

Gurgulho e dor de estômago. Ocorreu em casos raros. Pode provocar uma infeção ativa, embora este risco seja bastante reduzido, mas pode permitir estimular a situação em doentes imunocomprometidos. A administração durante a gravidez e a primeira infância é considerada segura. Os dados disponíveis sugerem que praticamente não foram observados quaisquer efeitos adversos em ensaios clínicos controlados com *lactobacilos* e *bifidobactérias* [98]. Por conseguinte, recomendo que os cientistas investiguem exaustivamente os efeitos negativos dos lactobacilos na condição humana em geral.

A capacidade dos probióticos para sobreviverem e serem metabolicamente activos no trato gastrointestinal e para se associarem à mucosa e à microflora gastrointestinal conduziu a quatro áreas de preocupação em termos de segurança:

1. Possibilidade de translocação/transmigração de bactérias que atravessam a fronteira do trato gastrointestinal e causam uma infeção intrusiva. A translocação de bactérias intestinais é favorecida por vários factores, incluindo danos na mucosa intestinal, imunodeficiência, prematuridade do intestino e flora bacteriana anormal, bem como a adesão das bactérias à superfície da mucosa.

2. Algumas formas de vida probióticas são susceptíveis de ter proteção contra anti-infecciosos (antibióticos), o que significa que a resistência aos antibióticos pode ser transferida de bactérias probióticas para outras bactérias potencialmente patogénicas. Estes organismos podem ser portadores de genes que podem contribuir para infecções oportunistas, uma vez que o gene de resistência aos antibióticos pode ser trocado por conjugação, transdução ou transformação.

3. Atividade metabólica e efeitos imunológicos dos probióticos, que podem ter efeitos nocivos no metabolismo e uma estimulação excessiva do sistema imunitário.

4. Por último, mas não menos importante, trata-se da qualidade dos produtos, porque os produtos que não contêm o probiótico indicado no rótulo ou que contêm impurezas também podem pôr em perigo o consumidor.

Devido aos potenciais efeitos da utilização de probióticos na fisiologia gastrointestinal, os estudos de toxicidade gastrointestinal devem ser investigados como parte das preocupações de segurança, uma vez que pode haver produção de metabolitos indesejáveis e a possibilidade de as bactérias probióticas induzirem, promoverem ou exacerbarem o risco de vários problemas fisiológicos e anatómicos [97,99].

Perspectivas futuras para os probióticos

Atualmente, as inovações tecnológicas estão a ajudar a resolver o problema da estabilidade e viabilidade dos probióticos. A viabilidade pura e ativa das células é muito importante durante o processamento dos alimentos e a passagem gastrointestinal, para que atinjam o local de ação pretendido em número suficiente. Na maioria dos casos, os probióticos perdem a sua função e propriedade/viabilidade útil. Isto deve-se ao baixo pH do estômago e às elevadas concentrações de sais biliares no intestino. A única forma de ultrapassar este desafio é induzir um stress subletal, encapsulá-los e utilizá-los numa matriz/portador alimentar. O encapsulamento é um processo mecânico ou físico-químico que envolve um material potencialmente sensível e forma uma barreira protetora entre este e as condições externas. As novas tecnologias/métodos de microencapsulação foram desenvolvidas para proteger as bactérias dos danos do ambiente externo, fornecendo um invólucro exterior protetor. A microencapsulação de probióticos permite o armazenamento de bactérias viáveis à temperatura ambiente e pode permitir a incorporação de probióticos numa vasta gama de alimentos. Os processos de secagem por pulverização, emulsão e extrusão são métodos de encapsulamento bem conhecidos para a produção de microcápsulas contendo probióticos [100]. O cenário futuro para melhorar as propriedades gerais da estirpe e obter o desempenho desejado é a aplicação da engenharia genética neste domínio.

Conclusão

O consumo de probióticos ajuda a levar uma vida saudável. Atualmente, este é um conceito globalmente aceite e uma garantia para a próxima geração. Os probióticos são amplamente utilizados para resolver e simplificar determinadas doenças. No futuro, devem ser concebidas e realizadas mais experiências in vitro e in vivo para identificar os verdadeiros probióticos e selecionar os mais adequados para a prevenção/tratamento de doenças. Por último, recomenda-se a realização de mais estudos práticos para confirmar o efeito dos probióticos na saúde humana através de investigação de elevada qualidade e de ensaios clínicos bem concebidos.

Reconhecimento

Gostaria de agradecer ao Instituto de Biodiversidade da Etiópia e à equipa da Direção Microbiana pela sua incansável orientação, encorajamento e apoio.

Conflitos de interesses

O autor não tem conflitos de interesses a declarar.

Referências

1. Carlos RS, Luciana Porto de Souza V, Michele RS, et al. O potencial dos probióticos. Food Technol. Biotechnol. 2010;48(4):413-34.

2. Miriam BB, Julio PD, Sergio MQ, et al. Mecanismos de ação dos probióticos. Ann Nutr Metab. 2012;61:160-74.

3. Mohammad Mehdi SD, Majid M, Fatemeh B, et al. Efeitos do probiótico *lactobacillus acidophilus* e *lactobacillu caseion* atividade das células tumorais colorrectais (CaCo- 2). Arquivos de Medicina Iraniana. 2015;18(3):167-72.

4. Anandharaj M, Sivasankari B. Isolamento do potencial probiótico *Lactobacillus oris HMI68* do leite materno com propriedades de redução do colesterol. J Biosci Bioeng. 2014;118:153-9.

5. Moro Garcia MA, Alonso Arias R, Baltadjieva M, et al. A suplementação oral com *Lactobacillus delbrueckii subsp. bulgaricus 8481* melhora a imunidade sistémica nos idosos. Age (Dordr). 2013;35:1311-26.

6. Stefania P, Marco R. Descrição de um novo conceito probiótico: implicações para a modulação do sistema imunológico. Am J Immunol. 2017;13(2):107-13.

7. Ravinder N, Ashwani K, Manoj K, et al. Probióticos, seus benefícios para a saúde e aplicações para o desenvolvimento de alimentos mais saudáveis: uma revisão. FEMS Microbiol Lett. 2012;334:1-15.

8. Salminen S, Wright A, Morelli L, et al. Demonstração da segurança dos probióticos - uma visão geral. Int J Food Micro boil.1998;44:93-106.

9. http://www.who.int/foodsafety/fs_management/en/ probiotic_guidelines.pdf

10. http://www.fao.org/3/a-a0512e.pdf

11. Taverniti V, Scabiosi C, Arioli S, et al. Short-term daily intake of 6 billion live probiotic cells may not be sufficient to regulate intestinal *bifidobacteria* and *lactobacilli* in healthy adults. J Funct Foods. 2013;6:482-91.

12. Renata C, Magdalena J, Teresa B, et al. Caraterísticas dos probióticos orais - uma revisão. Pharm Med Sci. 2016;29(1):8- 10.

13. Divya P. Benefits of probiotics in the oral cavity - a detailed review (Benefícios dos probióticos na cavidade oral - uma revisão pormenorizada). Anais da Investigação Médica e Dentária Internacional. 2016;2(5):1-8.

14. Bayane A, Diawara B, Dubois RD, et al. Isolamento e caraterização de novas bactérias de ácido lático formadoras de esporos com perspectivas de utilização em fermentações alimentares e preparações probióticas. Afr J Microbiol Res. 2010;4:1016-25.

15. Adel MM, Sari AM. Caracterização probiótica de bactérias do ácido lático isoladas de vegetais fermentados locais (Makdoos). Int J Curr Microbiol App Sci. 2017;6(2):1673-86.

16. Mohammad Kazem SY, Abolfazl D, Hamid Reza KZ, et al. Caracterização e potencial probiótico de bactérias do ácido lático isoladas de iogurtes tradicionais iranianos. Jornal Italiano de Ciência Animal. 2017;16(2):185-8.

17. Maria K, Dimitrios B, Stavroula K, et al. Health Benefits of Probiotics: An Overview (Benefícios dos probióticos para a saúde: uma visão geral). ISRN Nutition. 2013;1-7.

18. Monica P, Ravinder KM, Harsh P, et al. Rastreio de bactérias de ácido lático de diferentes fontes para o seu potencial probiótico. J Food Process Technol. 2016;7(1):1-9.

19. Manoj G, Monika B, Shailesh Y, et al. Probióticos: Os micróbios amigos. Jornal Indiano de Prática Clínica. 2012;23(3):126-30.

20. Tulumoglu S, Yuksekdag ZN, Beyatli Y, et al. Propriedades probióticas de espécies de *lactobacilos* isoladas de fezes de crianças. Anaerobe. 2013;24:36-42.

21. De Vrese M, Schrezenmeir J. Probiotics, prebiotics and synbiotics. Adv Biochem Eng Biotechnol. 2008;111:1.

22. Gueniche A, Bastien P, Ovigne JM, et al. *Bifidobacterium longum* lysate, um novo ingrediente para a pele reactiva. Exp Dermatol. 2010;19(8):1-8.

23. Soccol CR. O potencial dos probióticos: uma visão geral. Food Technol Biotechnol. 2010;48:413.

24. Bendali F, Durand A, Hebraud M, et al. *Lactobacillus paracasei subsp. paracasei*: Um isolado argelino com atividade antibacteriana contra agentes patogénicos entéricos e aptidão probiótica. J Food Nutr Res. 2011;50(3):139-49.

25. Ghadimi D, Folster Holst R, de Vrese M, et al. Effects of probiotic bacteria and their genomic DNA on TH1/TH2 cytokine production by peripheral blood mononuclear cells (PBMCs) from healthy and allergic subjects. Immunobiology. 2008;213:677-92.

26. Kabeerdoss J, Devi RS, Mary RR, et al. Effect of yoghurt containing *Bifidobacterium lactis Bb12®* on fecal excretion of secretory immunoglobulin A and human beta-defensin 2 in healthy adult volunteers. Nutr J. 2011;10:138.

27. Pranay J, Priyanka S. Probióticos e a sua eficácia na melhoria da saúde oral: Uma revisão. J Appl Pharm Sci. 2012;2(11):151-63.

28. Naeem M, Ilyas M, Haider S, et al. Isolamento, caraterização e identificação de bactérias do ácido lático de sumos de fruta e sua eficácia contra antibióticos. Pak J Bot. 2013;44:323-8.

29. Siddiqee MH, Sarker H, Shurovi KM. Avaliação do uso probiótico de bactérias do ácido lático (LAB) isoladas de vários alimentos. Stamford J Microbiol. 2013; 2:10-4.

30. Ramirez-Chavarin ML, Wacher C, Eslava-Campos CA, et al. Potencial probiótico de estirpes de bactérias de ácido lático termo tolerantes isoladas de produtos de carne cozinhados. Int Food Res J. 2013;20:991-1000.

31. Pundir RK, Rana S, Kashyap N, et al. Probiotic potential of lactic acid bacteria

isolated from food samples: Um estudo in vitro. J Appl Pharm Sci. 2013;3:85-93.

32. Hamet MF, Londero A, Medrano M, et al. Aplicação de métodos dependentes e independentes de cultura para a identificação de *Lactobacillus kefiranofaciens* em consórcios microbianos presentes em grãos de kefir. Food Microbiol. 2013;36:327-34.

33. Tajabadi N, Mardan M, Manap MYA, et al. Identificação molecular de *Lactobacillus spp.* isolado do favo de mel da abelha melífera (Apis dorsata) por sequenciação do gene 16S rRNA. J Apic Res. 2013;52:235-41.

34. Babak H, Minoo H, Yousef N, et al. Avaliação probiótica de *Lactobacillus plantarum 15HN* e *Enterococcus mundtii 50H* isolados do microbiota de fábricas de lacticínios tradicionais. Adv Pharm Bull. 2016;6(1):37-47.

35. Roswitha S, Ursula B, Harmeet S, et al. O papel da colonização de *Oxalobacter formigenes* na doença dos cálculos de oxalato de cálcio. Kidney Int. 2013;83:1144-9.

36. Mogna L, Pane M, Nicola S, et al. Screening of different probiotic strains for their in vitro ability to metabolise oxalates: a possible future use in humans. J Clin Gastroenterol. 2014;48(1):91-5.

37. Giardina S, Scilironi C, Michelotti A, et al. Atividade anti-inflamatória in vitro de bactérias probióticas degradadoras de oxalato selecionadas: potenciais aplicações na prevenção e tratamento da hiperoxalúria. J Food Sci. 2014;79(3):384-90.

38. Yesilova Y, Calka O, Akdeniz N, et al. Efeito dos probióticos no tratamento de crianças com dermatite atópica. Ann Dermatol. 2012;24(2):189-93.

39. Doege K, Grajecki D, Zyriax BC, et al. Impacto da suplementação materna com probióticos durante a gravidez no eczema atópico na infância - uma meta-análise. Br J Nutr. 2012;107:1-6.

40. Kianifar H, Ahanchian H, Grover Z, et al. Synbiotic in the management of infantile colic: a randomised controlled trial. J Paediatr Child Health. 2014.

41. Chau K, Lau E, Greenberg S, et al. Probióticos para cólicas infantis: um ensaio aleatório, duplamente cego e controlado por placebo que investiga *Lactobacillus reuteri DSM 17938*. J Pediatr. 2015;166:74-8.

42. Monica LN, Eileen MD, Shayne JJ, et al. Effects of *Lactobacillus reuteri* colonisation on gut microbiota, inflammation and cry duration in infant colic. Relatórios Científicos. 2017;7:15047.

43. Hsieh PS, Tsai YC, Chen YC, et al. Erradicação da infeção por *Helicobacter pylori* através das estirpes probióticas *Lactobacillus johnsonii MH-68* e *L. salivarius ssp. salicinius AP-32*. Helicobacter. 2012;17:466-77.

44. Khodadad A, Farahmand F, Najafi M, et al. Probióticos para o tratamento da infeção pediátrica por *Helicobacter Pylori*: um ensaio clínico aleatório em dupla ocultação. Iran J Pediatr. 2013;23(1):79-84.

45. Yvan V, Geert H, Georges D. Probióticos: Uma atualização. J Pediatr (Rio J).

2015;91(1):6-21.

46. Guandalini S. Probiotics for the prevention and treatment of diarrhoea. J Clin Gastroenterol. 2011;45:149-53.

47. Phavichitr N, Puwdee P, Tantibhaedhyangkul R. Cost-utility analysis of probiotic treatment of children hospitalised for acute diarrhoea in Bangkok, Thailand. J Trop Med Saúde Pública do Sudeste Asiático. 2013;44:1065-71.

48. Haukioja A. Probiotics and oral health (Probióticos e saúde oral). Eur J Dent. 2010;4:348-55.

49. J0rgensen MR, Kragelund C, Jensen P0, et al. O probiótico *Lactobacillus reuteri* tem efeitos antifúngicos em espécies orais de Candida in vitro. J Oral Microbiol. 2017;9(1):1-8.

50. Guerra LN, Souza TC, Mazochi V, et al. Tratamento da constipação funcional em crianças com iogurte *contendo Bifidobacterium*: um estudo duplo-cego, controlado e cruzado.

World J Gastroenterol. 2011;17(34):3916-21.

51. Mena MM, Lee HL, Nagarajahl AF, et al. Efeitos de um leite fermentado probiótico na obstipação funcional - um estudo aleatório, em dupla ocultação, controlado por placebo. J Gastroenterol Hepatol. 2013;28(7):1141-7.

52. Sadeghzadeh M, Rabieefar A, Khoshnevisasl P, et al. O efeito dos probióticos na obstipação infantil: Um ensaio clínico aleatório controlado em dupla ocultação. Int J Pediatr. 2014:5.

53. Ortiz L, Ruiz F, Pascual L, et al. Efeito de duas *estirpes* probióticas de *Lactobacillus* na adesão in vitro de *Listeria monocytogenes, Streptococcus agalactiae* e *Staphylococcus aureus* às células epiteliais vaginais. Curr Microbiol. 2014;68(6):679-84.

54. Ahmet B, Reha A, Aygen YT. Eficácia dos tratamentos com sinbióticos, probióticos e prebióticos para a síndrome do cólon irritável em crianças: Um ensaio aleatório controlado. J Gastroenterol. 2016;27:439-43.

55. Cayzeele DA, Pelerin F, Leuillet S, et al. *Saccharomyces cerevisiae CNCMI-3856* in irritable bowel syndrome: a single-subject meta-analysis. World J Gastroenterol. 2017;23(2):336-344.

56. Kumpu M, Kekkonen RA, Kautiainen H, et al. Leite contendo probiótico *Lactobacillus rhamnosus GG* e doença respiratória em crianças: um ensaio aleatório, em dupla ocultação, controlado por placebo. Eur J Clin Nutr. 2012;66:1020-3.

57. Fujita R, Iimuro S, Shinozaki T, et al. Redução da duração das infecções agudas do trato respiratório superior com o consumo diário de leite fermentado: um estudo comparativo multicêntrico, duplamente cego e aleatório em utilizadores de centros de dia para a população idosa. Am J Infect Control. 2013;41:1231-5.

58. Tapiovaara L, Pitkaranta A, Korpela R. Probióticos e o trato respiratório superior -

Uma revisão. Pediatr Infect Dis J. 2016;1(3):1-8.

59. Kan S, Tadashi S, Ryoko I, et al. A ingestão diária de leite fermentado com *Lactobacillus casei* estirpe Shirota reduz a incidência e a duração das infecções do trato respiratório superior em trabalhadores de escritório saudáveis de meia-idade. Eur J Nutr. 2017;56:45-53.

60. Tillisch K, Labus J, Kilpatrick L, et al. O consumo de produtos lácteos fermentados com probióticos modula a atividade cerebral. Gastroenterology. 2013;144:1394-1401.

61. Liu X, Cao S, Zhang X. Modulação do eixo microbiota-cérebro intestinal por probióticos, prebióticos e dieta. J Agric Food Chem. 2015;63(36):7885-95.

62. Uccello M, Malaguarnera G, Basile F, et al. Possible role of probiotics in the prevention of colorectal cancer. BMC Surgery. 2012;12:S35.

63. Kahouli I, Tomaro-Duchesneau C, Prakash S. Probiotics in colorectal cancer (CRC) with emphasis on mechanisms of action and current perspectives. J Med Microbiol. 2013;62:1107-23.

64. Andreasen S, Larsen N, Pedersen ST, et al. Effects of *Lactobacillus acidophilus* NCFM on insulin sensitivity and the systemic inflammatory response in human subjects. Br J Nutr. 2010;104(12):1831-8.

65. KadookaY, Sato M, Imaizumi K. Regulação da obesidade abdominal por probióticos *(Lactobacillus gasseri SBT2055)* em adultos com tendências para a obesidade num ensaio aleatório controlado. Eur J Clin Nutr. 2010;64(6):636-43.

66. Sandra T, Carolina A, Josefina B. Microbiota intestinal; relevância para a obesidade e modulação por prebióticos e probióticos. Nutr Hosp. 2013;28(4):1039-48.

67. Sanchez M, Darimont C, Drapeau V, et al. Efeito da suplementação de *Lactobacillus rhamnosus CGMCC1.3724* na perda e manutenção de peso em homens e mulheres obesos. Br J Nutr. 2013;111:1507-19.

68. Shyamala R, Gowri P, Meenambigai P, et al. Probióticos e seus efeitos na saúde humana - Uma revisão. Int J Curr Microbiol App Sci. 2016;5(4):384-92.

69. Licciardi PV, Ismail IH, Balloch A, et al. A suplementação materna com LGG reduz as respostas imunes específicas da vacina em bebés com alto risco de desenvolver doença alérgica. Front Immunol. 2013;4:381.

70. Patel AK, Singhania RR, Pandey A, et al. Probiotic bile salt hydrolase: current developments and perspectives. Appl Biochem Biotechnol. 2010;162:166-80.

71. Guo Z, Liu XM, Zhang QX, et al. Influência do consumo de probióticos no perfil lipídico plasmático: uma meta-análise de ensaios clínicos aleatórios. Nutr Metab Cardiovasc Dis. 2011;21:844-50.

72. Rerksuppaphol S, Rerksuppaphol L. Um ensaio aleatório controlado em dupla ocultação de *Lactobacillus acidophilus Plus Bifidobacterium bifidum* versus placebo em pacientes com hipercolesterolemia. J Clin Diagn Res. 2015;9(3):1-4.

73. Golnaz E, Mitra Z, Sharma A, et al. Effects of supplementation with symbiotics and vitamin E on blood pressure, nitric oxide and inflammatory factors in non-alcoholic fatty liver disease. EXCLI Journal. 2017;16:278-290.

74. Momir MM, Maja PS, Gordana MB. Probióticos como um tratamento promissor para a doença inflamatória intestinal. Farmacologia Hospitalar - Revista Internacional Multidisciplinar. 2014;1(1):52-60.

75. Ya W, Reifer C, Miller LE. Efficacy of vaginal probiotic capsules for recurrent bacterial vaginosis: a double-blind, randomised, placebo-controlled trial. Am J Obstet Gynecol. 2010;203(2):120.e1-6.

76. Rukshana S, Jayasree V, Nirmala C. O papel dos probióticos nas infecções do trato reprodutivo inferior em mulheres com idades compreendidas entre os 18 e os 45 anos. Int J Reprod Contracept Obstet Gynecol. 2017;6(2):671-81.

77. Lorenzo S, Francesca P, Diana IS, et al. Determinação das propriedades antibacterianas e tecnológicas dos *lactobacilos* vaginais para a sua potencial utilização em produtos lácteos. Front Microbiol. 2017;8(166):1-12.

78. Lunia MK, Sharma BC, Sharma P, et al. Os probióticos previnem a encefalopatia hepática em doentes com cirrose: um ensaio aleatório controlado. Clin Gastroenterol Hepatol. 2014;12:1003-8.

79. Leila J, Mostafa G, Manouchehr K, et al. O efeito do probiótico e/ou prebiótico nos testes de função hepática em doentes com doença hepática gorda não alcoólica: um ensaio clínico aleatório duplamente cego. Crescente Vermelho do Irão Med J. 2017:1-9.

80. Cesaroa C, Tisoa A, Pretea AD, et al. Microbiota intestinal e probióticos na doença hepática crónica. Digest Liver Dis. 2011;43:431-8.

81. Bordoni A, Amaretti A, Leonardi A, et al. Probióticos redutores de colesterol: Seleção in vitro e testes in vivo de bifidobactérias. Appl Microbiol Biotechnol. 2013;9:8273- 81.

82. Catherine TD, Mitchell LJ, Divya S, et al. Cholesterol assimilation by probiotic Lactobacillus bacteria: Uma investigação *in vitro*. BioMed ReS Int. 2014:1-9.

83. Naheed M, Fatimah H, Narges V. Caracterização de estirpes indígenas de Lactobacillus para propriedades probióticas. Jundishapur J Microbiol. 2015;8(2):1-7.

84. Vaishnavi K, Krishma M, Rajeswari P. Um estudo sobre a degradação do colesterol por *Lactobacillus*. Indian J Appl Res. 2016.

85. Tandon V, Arora V, Yadav V, et al. Conceito de probióticos em medicina dentária. Int J Dent Med Res. 2015;1(6):206-9.

86. Narwal A. Probióticos em medicina dentária - Uma revisão. J Nutr Food Sci. 2011;1(5):1-4.

87. Saurav C, Upendra J, Amit P, et al. Eficácia de pastilhas probióticas para reduzir *Streptococcus* mutans na placa bacteriana à volta dos brackets ortodônticos. J Indian

Orthod Soc. 2016;50:222-7.

88. Armelia SW, Shirley TY, Tjokro P. O consumo de iogurte contendo o probiótico *Bifidobacteriumlactis* reduz o *Streptococcus* mutans em pacientes ortodônticos. Scientific Dental Journal. 2018;01:19-25.

89. Chitra N. Bacteriémia associada à utilização de probióticos em medicina e medicina dentária. IJIRSET. 2013;2(12):7322-25.

90. Dhawan R, Dhawan S. The role of probiotics in oral health: a randomised, double-blind, placebo-controlled study. J Interdiscip Dentistry. 2016;3:71-8.

91. Lesan S, Hajifattahi F, Rahbar M, et al. O efeito do iogurte probiótico na frequência da candida salivar. J Res Dentomaxillofac Sci. 2017;2(2):1-7.

92. Stamatova I, Meurman JH. Probióticos: Benefícios para a saúde na boca. Am J Dent. 2009;22:329-38.

93. Bonifait L, Chandad F, Grenier D. Probióticos para a saúde oral: mito ou realidade. JCDA. 2009;75(8):585-90.

94. Zohreh K, Sayyed HG, Mahboobeh MN. Bactérias probióticas contra bactérias produtoras de halitose na presença de células Hep 2. Ata Medica Mediterranea. 2017;33:301-4.

95. Gupta G. Probiotics and periodontal health (Probióticos e saúde periodontal). J Med Life. 2011;4(4):387-94. Monica V, Antonio S, Deborah V, et al. Mudança clínica em pacientes periodontais com o probiótico *Lactobacillus reuteri* prodentis: um ensaio clínico randomizado preliminar. Ata Odontologica Scandinavica. 2013; 71:813-9.

96. Shira D, David RS. Risco e segurança dos probióticos. Clin Infect Dis. 2015;60(2):129- 34.

97. Tina PT, Zhaoyong B, Mary ES, et al. Segurança do iogurte suplementado com a estirpe BB-12 de *Bifidobacterium animalis Subsp. Lactis (B. lactis)* em crianças saudáveis. JPGN. 2017;64(2):302-9.

98. Suresh KS, Srinath K, Pravesh B. Preocupações com a segurança do uso de probióticos: uma visão geral. IOSR Journal of Dental and Medical Sciences. 2013;12(1):56-60.

99. Ranadheera CS, Evans CA, Adams MC, et al. Microencapsulação de *Lactobacillus acidophilus LA-5, Bifidobacterium animalis subsp. lactis BB-12* e *Propionibacterium jensenii 702* por secagem por pulverização em leite de cabra. Small Rumin Res. 2015;123:155-9.

PARTE 3
Utilização de microrganismos na bioremediação

[Instituto Etíope de Biodiversidade, Departamento de Microbiologia, Comoros Street, 0000, Addis Ababa, Etiópia.

RESUMO

A bioremediação é um mecanismo biológico de reciclagem de resíduos numa outra forma que pode ser utilizada e reutilizada por outros organismos. Atualmente, o mundo enfrenta o problema de várias poluições ambientais. Os microrganismos são uma solução alternativa importante para ultrapassar os desafios. Os microrganismos sobrevivem em toda a biosfera porque a sua atividade metabólica é espantosa; ocorrem em todos os tipos de condições ambientais. A capacidade nutricional dos microrganismos é completamente diferente, pelo que são utilizados para a bioremediação de poluentes ambientais. A biorremediação diz respeito, em grande medida, à degradação, erradicação, imobilização ou desintoxicação de vários resíduos químicos e substâncias fisicamente perigosas do ambiente através da ação abrangente de microrganismos. O princípio principal é a degradação e a transformação de poluentes como os hidrocarbonetos, o petróleo, os metais pesados, os pesticidas, os corantes, etc. Isto é feito enzimaticamente através da metabolização, pelo que dão um contributo importante para a resolução de muitos problemas ambientais. Existem dois tipos de factores, nomeadamente condições bióticas e abióticas, que determinam a taxa de degradação. Atualmente, são utilizados diferentes métodos e estratégias neste domínio em diferentes partes do mundo. Por exemplo, a bioestimulação, a bioaumentação, a bioventing, as biopilhas e a bioatenuação são amplamente utilizadas. Todas as técnicas de bioremediação têm as suas próprias vantagens e desvantagens, uma vez que têm a sua própria aplicação específica.

Palavras-chave: microrganismos; factores; bioremediação; poluentes; biodegradação; Bioestimulação; Bioaugmentação; Bioventing; Biopilhas; Biodamping

INTRODUÇÃO

Os microrganismos estão amplamente difundidos na biosfera porque a sua capacidade metabólica é muito impressionante e podem crescer facilmente numa vasta gama de condições ambientais. A versatilidade nutricional e fisiológica dos microrganismos pode também ser utilizada para a biodegradação de poluentes. Este tipo de processo é conhecido como bioremediação. Baseia-se na capacidade de certos microrganismos para transformar, modificar e utilizar poluentes tóxicos para produzir energia e biomassa [1]. Em vez de simplesmente capturar e armazenar o poluente, a bioremediação é uma atividade de processo microbiologicamente bem organizada que é utilizada para degradar ou converter os poluentes em formas elementares e compostas menos tóxicas ou não tóxicas. Os biorremediadores são agentes biológicos utilizados na biorremediação para remediar sítios contaminados. As bactérias, as archaea e os fungos são os principais biorremediadores típicos [2]. A bioremediação é um processo biotecnológico em que os microrganismos são utilizados para eliminar os perigos de muitos poluentes do ambiente através da biodegradação. Os termos bioremediação e biodegradação são termos intercambiáveis. Os microrganismos são uma ferramenta importante para a remoção de poluentes do solo, da água e dos sedimentos, principalmente devido às suas vantagens em relação a outros métodos de remediação. Os microrganismos restauram o ambiente natural original e previnem a continuação da poluição. [3]. O objetivo desta revisão é apresentar a tendência atual da aplicação/papel dos microrganismos na bioremediação e fornecer informações de base relevantes que identifiquem lacunas nesta área temática. Atualmente, esta é uma área de investigação muito importante, uma vez que os microrganismos são amigos do ambiente e prometem material genético valioso para resolver ameaças ambientais.

Factores que influenciam a bioremediação microbiana

A bioremediação trata da degradação, remoção, modificação, imobilização ou desintoxicação de vários produtos químicos e resíduos físicos do ambiente através da ação de bactérias, fungos e plantas. Os microrganismos actuam como biocatalisadores através das suas vias enzimáticas e facilitam as reacções bioquímicas que decompõem o poluente desejado. Os microrganismos só podem atuar contra os poluentes se tiverem acesso a uma variedade de substâncias que os ajudem a produzir energia e nutrientes para construir mais células. A eficiência da bioremediação depende de muitos factores, incluindo a natureza química e a concentração dos poluentes, as propriedades físico-químicas do ambiente e a sua disponibilidade para os microrganismos [4]. A taxa de degradação é influenciada pelo facto de as bactérias e os poluentes não entrarem em contacto uns com os outros. Além disso, os micróbios e os poluentes não estão uniformemente distribuídos no ambiente. O controlo e a otimização dos processos de bioremediação é um sistema complexo devido a muitos factores. Estes factores incluem: a presença de uma população microbiana capaz de degradar os poluentes, a disponibilidade dos poluentes para a população microbiana e factores ambientais (tipo de solo, temperatura, pH, presença de oxigénio ou outros aceitadores de electrões e nutrientes).

Factores biológicos

Os factores bióticos influenciam a degradação dos compostos orgânicos através da competição entre microrganismos por fontes de carbono limitadas, interações antagonistas entre microrganismos ou a infestação de microrganismos por protozoários e bacteriófagos. A taxa de degradação dos poluentes depende frequentemente da concentração do poluente e da quantidade de "catalisador" presente. Neste contexto, a quantidade de "catalisador" representa o número de organismos capazes de metabolizar o poluente e a quantidade de enzimas produzidas por cada célula. A expressão de certas enzimas pelas células pode aumentar ou diminuir a taxa de degradação do poluente. Além disso, a extensão do metabolismo do poluente por enzimas específicas e a sua "afinidade" pelo poluente, bem como a disponibilidade do poluente, devem ser amplamente consideradas. Os factores biológicos mais importantes incluem: Mutação, transferência horizontal de genes, atividade enzimática, interação (competição, sucessão e predação), crescimento próprio até atingir a biomassa crítica, tamanho e composição da população [5, 6].

Factores ambientais

As caraterísticas metabólicas dos microrganismos e as propriedades físico-químicas dos poluentes visados determinam a possível interação durante o processo. No entanto, o sucesso real da interação entre os dois depende das condições ambientais no local da interação. O crescimento e a atividade dos microrganismos são influenciados pelo pH, temperatura, humidade, estrutura do solo, solubilidade da água, nutrientes, caraterísticas do local, potencial redox e níveis de oxigénio, falta de pessoal formado na zona e biodisponibilidade físico-química dos poluentes (concentração, tipo, solubilidade, estrutura química e toxicidade dos poluentes). Estes factores acima mencionados determinam a cinética da degradação [5, 7]. A biodegradação pode ocorrer numa vasta gama de pH; no entanto, um pH de 6,5 a 8,5 é geralmente ótimo para a biodegradação na maioria dos sistemas aquáticos e terrestres. A humidade afecta a taxa de metabolismo dos poluentes, uma vez que influencia o tipo e a quantidade de substâncias solúveis disponíveis, bem como a pressão osmótica e o pH dos sistemas terrestres e aquáticos [8]. A maioria dos factores ambientais são enumerados a seguir.

Disponibilidade de nutrientes

A adição de nutrientes ajusta o equilíbrio dos nutrientes necessários para o crescimento e a reprodução dos microrganismos, o que também afecta a velocidade e a eficiência da biodegradação. O equilíbrio dos nutrientes, especialmente o fornecimento de nutrientes essenciais como o N e o P, pode melhorar a eficiência da biodegradação através da otimização da relação C:N:P bacteriana. Para sobreviverem e continuarem as suas actividades microbianas, os microrganismos necessitam de uma série de nutrientes como o carbono, o azoto e o fósforo. A baixas concentrações, a extensão da degradação de hidrocarbonetos também é limitada. A adição de uma quantidade adequada de nutrientes é uma estratégia favorável para aumentar a atividade metabólica dos microrganismos e, consequentemente, a taxa de biodegradação em ambientes frios [9, 10]. A biodegradação no ambiente aquático é limitada pela disponibilidade de nutrientes [11]. À semelhança de outros organismos, os micróbios que se alimentam de petróleo necessitam de nutrientes para um crescimento e desenvolvimento óptimos. Embora estes nutrientes estejam disponíveis no ambiente natural, só estão presentes em pequenas quantidades [12].

Temperatura

Entre os factores físicos, a temperatura é o mais importante, determinando a sobrevivência dos microrganismos e a composição dos hidrocarbonetos [13]. Em ambientes frios como o Ártico, a degradação do petróleo por processos naturais é muito lenta e coloca os micróbios sob maior pressão para remover o petróleo derramado. As temperaturas da água abaixo de zero nesta região fazem com que os canais de transporte nas células microbianas se fechem ou mesmo que todo o citoplasma congele, tornando a maioria dos micróbios oleofílicos metabolicamente inactivos [12,14]. As enzimas biológicas envolvidas na degradação têm uma temperatura óptima e não exibem o mesmo movimento metabólico a todas as temperaturas. Além disso, o processo de degradação de um composto específico requer uma temperatura específica. A temperatura também acelera ou abranda o processo de bioremediação, uma vez que influencia fortemente as propriedades fisiológicas dos microrganismos. A velocidade da atividade microbiana aumenta com a temperatura e atinge o seu máximo a uma temperatura óptima. Com um novo aumento ou diminuição da temperatura, diminui subitamente e finalmente pára quando é atingida uma determinada temperatura.

Concentração de oxigénio

Vários organismos necessitam de oxigénio, enquanto outros não necessitam de oxigénio para melhorar a taxa de biodegradação. A biodegradação ocorre em condições aeróbias e anaeróbias, uma vez que a maioria dos organismos vivos necessita de oxigénio na forma gasosa. A presença de oxigénio pode promover o metabolismo dos hidrocarbonetos na maioria dos casos [12].

Teor de humidade

Os microrganismos precisam de água suficiente para completar o seu crescimento. O teor de humidade do solo tem um efeito negativo sobre os produtos de decomposição biológica.

PH

O pH de um composto, ou seja, a acidez, a basicidade e a alcalinidade de um composto, tem a sua própria influência na atividade metabólica microbiana e também aumenta ou diminui o processo de degradação. A medição do pH do solo pode indicar o potencial de crescimento microbiano [15]. Valores de pH mais elevados ou mais baixos conduzem a resultados mais fracos; os processos metabólicos são muito sensíveis mesmo a pequenas alterações do pH [16].

Caracterização e seleção do sítio

Antes de se propor a bioremediação, devem ser efectuadas investigações suficientes para caraterizar adequadamente a extensão e o alcance da contaminação. Este trabalho deve incluir, pelo menos, os seguintes factores: determinação completa da extensão horizontal e vertical da contaminação, listagem dos parâmetros e locais a amostrar e justificação da sua escolha, descrição dos métodos a utilizar para a amostragem e análises a efetuar.

Iões metálicos

Os metais são importantes para as bactérias e fungos em pequenas quantidades, mas em grandes quantidades inibem a atividade metabólica das células. Os compostos metálicos têm efeitos diretos e indirectos na taxa de degradação.

Compostos tóxicos

Em concentrações elevadas, alguns contaminantes podem ter efeitos tóxicos nos microrganismos e atrasar a descontaminação. A extensão e os mecanismos de toxicidade variam consoante os tóxicos específicos, a sua concentração e os microrganismos expostos. Alguns compostos orgânicos e inorgânicos são tóxicos para certas formas de vida [5].

O princípio da bioremediação

A biorremediação é o processo pelo qual os resíduos orgânicos são degradados biologicamente em condições controladas, de tal forma que se tornam inofensivos ou ficam abaixo dos limites de concentração estabelecidos pelas autoridades. Os microrganismos são adequados para a tarefa de destruir os poluentes, uma vez que possuem enzimas que lhes permitem utilizar os poluentes ambientais como alimento. O objetivo da biorremediação é estimulá-los a decompor/desintoxicar substâncias perigosas para o ambiente e para a vida, fornecendo-lhes quantidades ideais de nutrientes e outros produtos químicos importantes para o seu metabolismo. Todas as reacções metabólicas são mediadas por enzimas. Estas pertencem aos grupos das oxidorredutases, hidrolases, liases, transferases, isomerases e ligases. Muitas enzimas têm uma capacidade de degradação notavelmente ampla devido à sua afinidade não específica e específica com o substrato. Para que a biorremediação seja eficaz, os microrganismos devem atacar enzimaticamente os poluentes e convertê-los em produtos inofensivos. Uma vez que a bioremediação só pode ser eficaz se as condições ambientais permitirem o crescimento e a atividade microbiana, a sua aplicação envolve frequentemente a manipulação de parâmetros ambientais para acelerar o crescimento e a degradação microbiana [17].A bioremediação ocorre naturalmente e é promovida pela adição de organismos vivos e fertilizantes. A tecnologia de bioremediação baseia-se essencialmente na biodegradação. Refere-se à remoção completa de poluentes orgânicos tóxicos em compostos inofensivos ou naturais, como o dióxido de carbono, a água e os compostos inorgânicos, que são seguros para os seres humanos, os animais, as plantas e a vida aquática [18]. Foram identificadas numerosas rotas e vias para a biodegradação de uma variedade de compostos orgânicos; por exemplo, a biodegradação é concluída na presença ou ausência de oxigénio.

A vantagem da bioremediação

• É um processo natural que demora pouco tempo e é um método aceitável de tratamento de resíduos para materiais contaminados como o solo. Os micróbios são capazes de decompor o poluente e de se multiplicar quando este está presente. Quando o poluente se degrada, o número de micróbios biodegradáveis diminui. Os resíduos do tratamento são geralmente produtos inofensivos como a água, o dióxido de carbono e a biomassa celular.

• Exige muito pouco esforço e pode frequentemente ser realizada no local sem grandes perturbações das actividades normais. Isto também elimina a necessidade de transportar os resíduos para fora do local e os riscos potenciais para a saúde humana e o ambiente que podem surgir durante o transporte.

• É utilizado num processo eficiente em termos de custos, uma vez que é menos dispendioso do que os outros métodos convencionais (tecnologias) utilizados para a remediação de resíduos perigosos. Método importante para o tratamento de sítios contaminados por hidrocarbonetos [19].Também ajuda na destruição completa dos poluentes, muitos dos compostos perigosos podem ser convertidos em produtos inofensivos, e esta caraterística também elimina a possibilidade de responsabilidade futura associada ao tratamento e eliminação de material contaminado.Não são utilizados produtos químicos perigosos. Nutrientes, especialmente fertilizantes, que asseguram um crescimento microbiano ativo e rápido. São normalmente utilizados em relvados e jardins. A bioremediação converte os produtos químicos nocivos em água e gases inofensivos, e os produtos químicos nocivos são completamente destruídos [20].Simples, menos intensivas em mão de obra e baratas devido ao seu papel natural no ambiente.Amigo do ambiente e sustentável [21].

• Os poluentes são destruídos e não simplesmente transferidos para outros meios ambientais.

• discreto, para que seja possível continuar a utilizar o sítio.

• Relativa simplicidade de implementação [17].

• Método eficaz para limpar o ecossistema natural de uma série de poluentes e actuam como opções amigas do ambiente [22].

A desvantagem da bioremediação

• Limita-se aos compostos biodegradáveis. Nem todos os compostos podem ser degradados rápida e completamente.

• Existe a preocupação de que os produtos da biodegradação possam ser mais persistentes ou tóxicos do que o composto de origem.

• Os processos biológicos são frequentemente muito específicos. Os factores importantes do local necessários para o sucesso incluem a presença de populações microbianas metabolizáveis, condições de crescimento adequadas no ambiente e um nível apropriado de nutrientes e poluentes.

• É difícil extrapolar de estudos laboratoriais e à escala piloto para uma utilização no terreno em grande escala.

• É necessária investigação para desenvolver e conceber tecnologias de biorremediação adequadas a locais com misturas complexas de contaminantes que não estão uniformemente distribuídos no ambiente. Os contaminantes podem apresentar-se sob a forma de sólidos, líquidos e gases.

• Frequentemente, demora mais tempo do que outras opções de tratamento, como a escavação e remoção do solo ou a incineração.

• Existem ainda incertezas jurídicas quanto aos critérios de desempenho aceitáveis para a bioremediação. Não existe uma definição reconhecida de "limpo" e é difícil avaliar o desempenho da bioremediação.

• Requer competências humanas muito boas [17].

Microorganismos e poluentes

Quadro 1: *Interação entre os microrganismos e os hidrocarbonetos (compostos orgânicos)*

Microorganisms	Compound	Reference
Penicillium chrysogenum	Monocyclic aromatic hydro carbons, benzene, toluene, ethyl benzene and xylene ,phenol compounds	[23,24]
P. alcaligenes P. mendocina and *P. putida P. veronii, Achromobacter, Flavobacterium, Acinetobacter*	Petrol and diesel polycyclic aromatic hydrocarbons toluene	[25, 26]
Pseudomonas putida	Monocyclic aromatic hydrocarbons, e.g. benzene and xylene.	[25, 27]
Phanerochaete chrysosporium	Biphenyl and triphenylmethane	[28]
A. niger, A. fumigatus, F. solani and *P. funiculosum*	Hydrocarbon	[29]
Coprinellus radians	PAHs, methylnaphthalenes, and dibenzofurans	[30]
Alcaligenes odorans, Bacillus subtilis, Corynebacterium propinquum, Pseudomonas aeruginosa	phenol	[22]
Tyromyces palustris, Gloeophyllum trabeum, Trametes versicolor	hydrocarbons	[31]
Candida viswanathii	Phenanthrene, benzopyrene	[32]
cyanobacteria, green algae and diatoms and Bacillus licheniformis	naphtalene	[33, 34]
Acinetobacter sp., Pseudomonas sp., Ralstonia sp. and Microbacterium sp,	aromatic hydrocarbons	[35]
Gleophyllum striatum	striatum Pyrene, anthracene, 9- metil anthracene, Dibenzothiophene Lignin peroxidasse	[36]

Tabela 2: *Grupos de microrganismos importantes para a bioremediação do petróleo*

Microorganisms	Compound	Reference
Fusarium sp.	oil	[37]
Alcaligenes odorans, Bacillus subtilis, Corynebacterium propinquum, Pseudomonas aeruginosa	oil	[22]
Bacillus cereus A	diesel oil	[38]
Aspergillus niger, Candida glabrata, Candida krusei and Saccharomyces cerevisiae	crude oil	[39]
B. brevis, P. aeruginosa KH6, B. licheniformis and *B. sphaericus*	crude oil	[40]
Pseudomonas aeruginosa, P. putida, Arthobacter sp and Bacillus sp	diesel oil	[41]
Pseudomonas cepacia, Bacillus cereus, Bacillus coagulans, Citrobacter koseri and Serratia ficaria	diesel oil, crude oil	[42]

Quadro 3: *Exemplos representativos dos microrganismos mais importantes envolvidos na bioremediação de corantes*

Microorganisms	Compound	Reference
B. subtilis strain NAP1, NAP2, NAP4	oil-based based paints	[43]
Myrothecium roridum IM 6482	industrial dyes	[44, 45, 46]
Pycnoporus sanguineous, Phanerochaete chrysosporium and Trametes trogii	industrial dyes	[47]
Penicillium ochrochloron	industrial dyes	[48]
Micrococcus luteus, Listeria denitrificans and *Nocardia atlantica*	Textile Azo Dyes	[49]
Bacillus spp. ETL-2012, *Pseudomonas aeruginosa, Bacillus pumilus* HKG212	Textile Dye (Remazol Black B), Sulfonated di-azo dye Reactive Red HE8B, RNB dye	[50, 51, 52]
Exiguobacterium indicum, Exiguobacterium aurantiacums, Bacillus cereus and Acinetobacter baumanii	azo dyes effluents	[88]
Bacillus firmus, Bacillus macerans, Staphylococcus aureus and Klebsiella oxytoca	vat dyes, Textile effluents	[53]

Quadro 4: *Microrganismos utilizados para a utilização de metais pesados*

Microorganisms	Compound	Reference
Saccharomyces cerevisiae	Heavy metals, lead, mercury and nickel	[55, 56, 57]
Cunninghamella elegans	Heavy metals	[58]
Pseudomonas fluorescens and *Pseudomonas aeruginosa*	Fe 2+, Zn2+, Pb2+, Mn2+ and Cu2	[59]
Lysinibacillus sphaericus CBAM5	cobalt, copper, chromium and lead	[60]
Microbacterium profundi strain Shh49T	Fe	[61]
Aspergillus versicolor, A. fumigatus, Paecilomyces sp., *Paecilomyces* sp., *Terichoderma* sp., *Microsporum* sp., *Cladosporium* sp.	cadmium	[62]
Geobacter spp.	Fe (III), U (VI)	[63]
Bacillus safensis (JX126862) strain (PB-5 and RSA-4)	Cadmium	[64]
Pseudomonas aeruginosa, *Aeromonas* sp.	U, Cu, Ni, Cr	[65]
Aerococcus sp., *Rhodopseudomonas palustris*	Pb, Cr, Cd	[66, 67]

Os metais pesados não podem ser destruídos biologicamente ("não degradação", ocorrem alterações na estrutura central do elemento), mas apenas podem ser convertidos de um estado de oxidação ou de um complexo orgânico para outro. As bactérias também são eficientes na bioremediação de metais pesados. Os microrganismos desenvolveram a capacidade de se protegerem da toxicidade dos metais pesados através de vários mecanismos, como a adsorção, a absorção, a metilação, a oxidação e a redução. Os microrganismos absorvem os metais pesados de forma ativa (bioacumulação) e/ou passiva (adsorção). A metilação microbiana desempenha um papel importante na bioremediação de metais pesados, uma vez que os compostos metilados são frequentemente voláteis. Por exemplo, o mercúrio, Hg (II), pode ser biometilado em metilmercúrio gasoso por várias espécies bacterianas diferentes *Alcaligenes faecalis, Bacillus pumilus, Bacillus* sp., *P. aeruginosa* e *Brevibacterium iodinium* [54].

Quadro 5: *Potenciais substâncias biológicas activas para pesticidas*

Microorganisms	Compound	Reference
Bacillus, Staphylococcus	Endosulfan	[68]
Enterobacter	Chlorpyrifos	[69]
Pseudomonas putida, Acinetobacter sp., Arthrobacter sp.	Ridomil MZ 68 MG, Fitoraz WP 76, Decis 2.5 EC, malation	[70, 71]
Acenetobactor sp., Pseudomonas sp., Enterobacter sp. and Photobacterium sp.	chlorpyrifos and methyl parathion	[72]

Tipos de bioremediação

Existem diferentes tipos de tecnologias ou técnicas de tratamento no âmbito dos procedimentos de bioremediação. Os procedimentos básicos de bioremediação são: Bioestimulação, atenuação, aumento, aeração e pilhas

Bioestimulação

Este tipo de estratégia está associado à injeção de nutrientes específicos no local (solo/água subterrânea) para estimular a atividade dos microrganismos indígenas. A tónica é colocada na estimulação da comunidade bacteriana e fúngica autóctone ou natural. Em primeiro lugar, através do fornecimento de fertilizantes, factores de crescimento e oligoelementos. Em segundo lugar, fornecendo outros requisitos ambientais, como o pH, a temperatura e o oxigénio, para acelerar a sua taxa metabólica e a sua via [7, 17]. A presença de uma pequena quantidade de poluentes pode também atuar como estimulante, activando os operões para as enzimas de bioremediação. Este tipo de estratégia é geralmente continuado pela adição de nutrientes e oxigénio para apoiar os microrganismos indígenas. Estes nutrientes são os blocos de construção básicos da vida e permitem que os micróbios criem os requisitos básicos, por exemplo, energia, biomassa celular e enzimas para decompor o poluente. Todos eles necessitam de azoto, fósforo e carbono [5].

Bioatenuação [Atenuação natural]

A bio-atenuação ou atenuação natural é a eliminação das concentrações de poluentes no ambiente. Ocorre através de processos biológicos (biodegradação aeróbia e anaeróbia, absorção por plantas e animais), fenómenos físicos (advecção, dispersão, diluição, difusão, volatilização, sorção/dessorção) e reacções químicas (troca iónica, complexação, transformação abiótica), com termos como remediação intrínseca ou biotransformação incluídos na definição mais geral de atenuação natural [73].Quando o ambiente está poluído com produtos químicos, a natureza pode contribuir para a limpeza de quatro formas [74]: 1) Pequenos insectos ou micróbios que vivem no solo e nas águas subterrâneas utilizam alguns

Os produtos químicos como alimento. Quando tiverem digerido completamente os produtos químicos, podem convertê-los em água e gases inofensivos. 2) Os produtos químicos podem aderir ou absorver-se no solo, mantendo-os no seu lugar. Isto não limpa os produtos químicos, mas pode evitar que poluam as águas subterrâneas e saiam do local. 3) À medida que a contaminação se move através do solo e das águas subterrâneas, pode misturar-se com água limpa. Isto reduz ou dilui a poluição. 4) Alguns produtos químicos, como o petróleo e os solventes, podem evaporar-se, ou seja, passar de líquido a gás no solo. Quando estes gases se escapam para o ar à superfície do solo, a luz solar pode destruí-los. Se a atenuação natural não for suficientemente rápida ou completa, a bioremediação é reforçada por bioestimulação ou bioaumentação.

Bioaugmentação

Este é um dos mecanismos de biodegradação. A adição de microrganismos que degradam os poluentes (naturais/exóticos/manipulados) para aumentar a capacidade de biodegradação das populações microbianas autóctones na zona contaminada é designada por bioaumentação. A fim de aumentar rapidamente o crescimento da população microbiana natural e melhorar a degradação, estes alimentam-se preferencialmente dos contaminantes. Os micróbios são recolhidos no local de remediação, criados separadamente, geneticamente modificados e devolvidos ao local. Para garantir que todos os microrganismos importantes são encontrados em locais onde o solo e as águas subterrâneas estão contaminados com etileno clorado, como o tetracloroetileno e o tricloroetileno. A bioaumentação é a adição de micróbios geneticamente modificados a um sistema que actuam como abioremediadores para remover rápida e completamente poluentes complexos. Além disso, os microrganismos geneticamente modificados mostraram e provaram que podem aumentar a capacidade de degradação de uma variedade de poluentes ambientais. Isto deve-se ao facto de terem um perfil metabólico diversificado, que podem converter em produtos finais menos complexos e inofensivos [76, 77, 78]. As espécies naturais não são suficientemente rápidas para degradar certos compostos, pelo que precisam de ser geneticamente modificadas através da manipulação do ADN para o facilitar; os micróbios geneticamente modificados degradam os poluentes muito mais rapidamente do que as espécies naturais e competem fortemente com as espécies nativas, com os predadores e também com vários factores abióticos. Os microrganismos geneticamente modificados demonstraram ser potencialmente adequados para a bioremediação do solo, das águas subterrâneas e das lamas activadas, uma vez que são mais capazes de degradar uma vasta gama de poluentes químicos e físicos [79, 80].

Microrganismos geneticamente modificados (GEM)

Um microrganismo geneticamente modificado é um microrganismo cujo material genético já foi modificado através da utilização de técnicas de engenharia genética baseadas no intercâmbio genético natural ou artificial entre microrganismos. Este tipo de trabalho artístico e de processo científico é designado principalmente por tecnologia do ADN recombinante. A engenharia genética melhorou a utilização e a eliminação de resíduos perigosos e indesejáveis em condições laboratoriais através da criação de organismos geneticamente modificados [81]. Os organismos vivos recombinantes podem ser obtidos por técnicas de ADN recombinante ou por intercâmbio natural de material genético entre organismos. Atualmente, podem inserir o gene adequado para a produção de uma enzima específica que pode degradar vários poluentes [82]. Os microrganismos geneticamente modificados (GEM) demonstraram ser potencialmente adequados para a bioremediação no solo, nas águas subterrâneas e nas lamas activadas devido à sua maior capacidade de degradar uma vasta gama de poluentes químicos. Recentemente, surgiram várias oportunidades para melhorar o desempenho da degradação através de estratégias de engenharia genética. Por exemplo, os passos que limitam a taxa em vias metabólicas conhecidas podem ser geneticamente modificados para atingir taxas de degradação mais elevadas, ou podem ser incorporadas vias metabólicas completamente novas em estirpes bacterianas para permitir a degradação de compostos anteriormente recalcitrantes. Nos GEMs são realizadas quatro actividades/estratégias, nomeadamente (1) modificação da especificidade e afinidade enzimática, (2) construção e regulação de vias metabólicas, (3) desenvolvimento, monitorização e controlo de bioprocessos, (4) aplicações de biorreceptores de bioafinidade para reconhecimento químico, redução da toxicidade e análise de parâmetros. Os genes essenciais das bactérias estão localizados num único cromossoma, mas os genes que especificam as enzimas necessárias para a degradação de alguns destes substratos invulgares podem ser transportados em plasmídeos. Os plasmídeos têm sido implicados no catabolismo. Por conseguinte, os GEM podem ser eficazmente utilizados para a biodegradação e representam uma área de investigação com implicações de grande alcance para o futuro [83].

Vantagens dos GEMs na bioremediação

A principal função é acelerar a recuperação de locais contaminados, aumentar a degradação de substratos, ter uma elevada capacidade catalítica ou de recuperação com uma baixa quantidade de massa celular, criar condições ambientais seguras e purificadas através da descontaminação ou neutralização de poluentes.

Desvantagem dos GEMs na bioremediação

As principais desvantagens são que o método tradicional nunca é aplicado e que, em alguns casos, se verifica a morte de células, com desafios relacionados com a sua libertação para o ambiente. A um certo nível, foi demonstrado que o atraso do crescimento e a degradação do substrato, as flutuações sazonais e a flutuação de outros factores abióticos têm um impacto direto e indireto e uma relação com a atividade microbiana; finalmente, a introdução de uma estirpe estrangeira modificada no sistema leva a que não haja reação e causa um impacto negativo incomensurável nos microrganismos estruturais e funcionais naturais da composição e ocorrência da comunidade.

Bioventing

O Bioventing consiste em arejar o solo com oxigénio para estimular o crescimento de bactérias e fungos naturais ou introduzidos no solo, fornecendo oxigénio aos microrganismos existentes no solo; também funciona com compostos aerobicamente degradáveis. O Bioventing utiliza caudais de ar reduzidos para fornecer apenas o oxigénio suficiente para manter a atividade microbiana. O oxigénio é normalmente fornecido por injeção direta de ar na contaminação residual do solo através de furos de sondagem. Os resíduos de combustível adsorvidos são biodegradados e os compostos voláteis são também biodegradados à medida que os vapores se movem lentamente através do solo biologicamente ativo. Muitos investigadores demonstraram a eficácia da bioremediação de solos contaminados com petróleo através de bioventing [84, 85].

Biopilhas

As biopilhas são uma forma de tratamento de solos escavados contaminados com hidrocarbonetos aerobicamente degradáveis em "biopilhas". As biopilhas (também conhecidas como biocélulas, bioheaps, biomounds e pilhas de composto) são utilizadas para reduzir as concentrações de contaminantes petrolíferos em solos escavados durante o período de biodegradação. Neste processo, o ar é fornecido ao sistema de biopilhas através de um sistema de tubagens e bombas, que é forçado a entrar na pilha sob pressão positiva ou aspirado através da pilha sob pressão negativa [86]. A atividade microbiana é aumentada pela respiração microbiana, o que leva a uma elevada degradação dos poluentes petrolíferos adsorvidos [87].

Conclusão

A biodegradação é uma opção muito frutuosa e atractiva para a remediação, limpeza, gestão e recuperação de ambientes poluídos através da atividade microbiana. No futuro, os investigadores neste domínio devem explorar novas espécies com grande potencial. A taxa de degradação de resíduos indesejáveis depende da competição com outras substâncias biológicas, do fornecimento insuficiente de nutrientes essenciais, de condições abióticas externas desfavoráveis (arejamento, humidade, pH, temperatura) e da baixa biodisponibilidade do poluente. Devido a estes factores, a biodegradação em condições naturais já não é bem sucedida e conduz a uma situação menos favorável. A bioremediação só pode ser eficaz se as condições ambientais permitirem o crescimento e a atividade microbiana. A bioremediação tem sido utilizada em vários locais do mundo, com diferentes graus de sucesso. De um modo geral, as vantagens superam as desvantagens, tal como evidenciado pelo número de locais que optam por esta tecnologia e pela sua crescente popularidade ao longo do tempo. Em geral, diferentes locais estão a investigar diferentes espécies que se revelam eficazes no controlo.

Conflito de interesses

Os autores não declararam quaisquer conflitos de interesses.

Agradecimentos

Gostaria de agradecer ao Instituto de Biodiversidade da Etiópia e ao meu colega pelo seu apoio e pela oportunidade de trabalhar neste relatório.

Referência

[1] Tang CY, Criddle QS Fu CS, Leckie JO. (2007) Effect of flux (transmembrane pressure) and membrane properties on fouling and rejection of reverse osmosis and nanofiltration membranes in the treatment of perfluorooctane sulfonate-containing wastewater. *Jou. Enviro Sci Tech*, 41:2008-2014.

[2] Strong PJ. e Burgess JE. (2008) Métodos de tratamento de águas residuais de vinícolas e destilarias: uma revisão. *Biorem Jou,* 12(2): 70-87.

[3] Demnerova K, Mackova M, Spevakova, V, Beranova K, Kochankova L, Lovecka P,

Ryslava, E., Macek T. (2005) Duas abordagens à descontaminação biológica de águas subterrâneas e solos contaminados com aromáticos - caraterização das populações microbianas. *Microbiologia Internacional*, 8: 205-211.

[4] El Fantroussi S e Agathos SN. (2005) Is bioaugmentation a feasible strategy for pollutant removal and site remediation? *Current Opinion in Microbiology*, 8 268-275.

[5] Madhavi G. N. e Mohini D. D. (2012) Documento de revisão sobre - Parâmetros que afectam a bioremediação. *Revista internacional de ciências da vida e investigação farmacêutica*; 2(3): 7780.

[6] Boopathy. R. (2000) Factores que limitam as tecnologias de bioremediação. *Bioresource Technology*, 74:63-67.

[7] Godleads Omokhagbor Adams, Prekeyi Tawari Fufeyin, Samson Eruke Okoro, Igelenyah Ehinomen. (2015) Biorremediação, bioestimulação e bioaumentação: uma revisão. *Jornal Internacional de Biorremediação Ambiental e Biodegradação*, 3(1): 28-39.

[8] Cases I, de Lorenzo V. (2005) Genetically modified organisms for the environment: stories of success and failure and what we have learnt from them. *International Microbiology*, 8 213-222.

[9] Couto N, Fritt-Rasmussen J, Jensen PE, H0jrup M, Rodrigo AP, Ribeiro AB. (2014) Adequação da biorremediação de óleo num solo ártico utilizando calor excedente de uma instalação de incineração. *Environmental Science and Pollution Research*, 21(9): 62216227. doi:http://dx.doi.org/10.1007/s11356-013-2466-3

[10] Phulia, V.; Jamwal, A.; Saxena, N.; Chadha, N.K.; Muralidhar, A.P. e Prusty, A.K. (2013) Technologies in aquatic bioremediation. pp. 65-91. em: Kumar, P. 'Bharti'; Zaki, M.S.A. e Chauhan, A. (Eds.), Ecossistema de água doce e xenobióticos. Discovery Publishing House PVT. Ltd, Nova Deli-110 002, Índia, 202 páginas.

[11] Thavasi, R.; Jayalakshmi, S. e Banat, I.M. (2011) Aplicação de biossurfactante produzido a partir de bagaço de óleo de amendoim por *Lactobacillus delbrueckii* na biodegradação de petróleo bruto. *Bioresour Technol*, 102(3): 3366-3372.

[12] Macaulay, B.M. (2015) Compreender o comportamento dos microrganismos que degradam o petróleo para melhorar a remediação microbiana de derrames de petróleo. *Appl Ecol Environ Res*, 13(1): 247-262.

[13] Das, N. e Chandran, P. (2011) Microbial degradation of petroleum hydrocarbon contaminants: An overview. *Biotechnol Res Int*, 2011(2011): 1-13 Artigo ID 941810. doi:10.4061/2011/941810.

[14] Yang, S.Z.; Jin, H.J.; Wei, Z.; He, R.X.; Ji, Y.J.; Li, X.M. e Yu, S.P. (2009) Bioremediação de derrames de petróleo em ambientes frios: uma revisão. *Pedosphere*, 19(3): 371381.

[15] Asira, Enim Enim. (2013) Factores que determinam a biorremediação de compostos orgânicos no solo. *Revista Académica de Estudos Interdisciplinares*, 2(13): 125-128.

[16] Wang, Q., S. Zhang, Y. Li e Klassen, W. (2011) Potential Approaches to Improving Biodegradation of Hydrocarbons for Bioremediation of Crude Oil Pollution. *Environ Protection J*, 2: 47-55.

[17] Kumar A, Bisht B.S, Joshi V.D, Dhewa.T. (2011) Review on Bioremediation of Polluted Environment: A Management Tool. *revista internacional de ciências ambientais*, 1(6): 1079-1093.

[18] Pankaj Kumar Jain, Vivek Bajpai. (2012) Biotechnology of bioremediation- a review. *Revista Internacional de Ciências Ambientais*, 3(1): 535-549.

[19] Montagnolli, R.N.; Matos Lopes, P.R. and Bidoia, E.D. (2015) Avaliação dos efeitos do biossurfactante *Bacillus subtilis* na biodegradação de produtos petrolíferos. *Environ. Monit. Assess*, 187(4116): 1-17.

[20] Shilpi Sharma. (2012) Bioremediação: Caraterísticas, estratégias e aplicações. *Asian Journal of Pharmacy and Life Science* 2 (2), 202-213.

[21] Dell'Anno, A.; Beolchini, F.; Rocchetti, L.; Luna, G.M. e Danovaro, R. (2012) A elevada biodiversidade bacteriana aumenta o desempenho da degradação de hidrocarbonetos durante a biorremediação de sedimentos marinhos portuários contaminados. *Environ Pollut, 167:* 85-92.

[22] Abha Singh, Vinay Kumar e Srivastava JN. (2013) Assessment of Bioremediation of Oil and Phenol Contents in Refinery Waste Water via Bacterial Consortium. *J Pet Environ Biotechnol*, 4(3):1-4.

[23] Pedro P., Francisco J E., João F. e Ana L. (2014) Os danos no DNA induzidos pela hidroquinona podem ser prevenidos pela desintoxicação fúngica. *Toxicology Reports*, 1:10961105.

[24] Abdulsalam S, Adefila S S., Bugaje I M, e Ibrahim S. (2013) Biorremediação de solo contaminado com óleo de motor usado num sistema fechado. *Biorremediação e Biodegradação*, 3: 100-172.

[25]   Safiyanu I, Abdulwahid Isah A, Abubakar US e Rita Singh M. (2015) Revisão do estudo comparativo sobre biorremediação de derrames de petróleo utilizando micróbios. *Revista de Investigação de Ciências Farmacêuticas, Biológicas e Químicas*, 6(6): 783-790.

[26]   Sani I, Safiyanu I e Rita S M. (2015) Revisão sobre a biorremediação de derrames de petróleo utilizando uma abordagem microbiana. *IJESR*, 3(6): 41-45. ISSN: 2347-6532.

[27]   Sarang, B., Richa, K. e Ram, C. (2013) Estudo comparativo da biorremediação de hidrocarbonetos combustíveis. *Revista Internacional de Pesquisa em Biotecnologia e Bioengenharia*, 4(7): 677-686.ISSN 2231-1238.

[28]   Erika, A W., Vivian B., Claudia C. e Jorge F G. (2013) Biodegradação de fenol em culturas estáticas por *Penicillium chrysogenum* erk1: habilidades catalíticas e fitotoxicidade residual. *Rev Argent Mcrobiol*, 44(2): 113-121.

[29]   AI-Jawhari, I.F.H. (2014) Capacidade de alguns fungos do solo na biodegradação de hidrocarbonetos de petróleo. *Journal of Applied & Environmental Microbiology*, **2**(2): 4652 [Acedido em 14 de agosto de 2014]. Disponível em: http://pubs.sciepub.com/jaem/2/2/3/.

[30]   Aranda E, Ullrich R, Hofrichter M. (2010) Conversão de hidrocarbonetos aromáticos policíclicos, metil naftalenos e dibenzofurano por duas peroxigenases fúngicas. *Biodegradação*, 21 (2): 267-281.

[31]   Karigar CS, Rao SS. (2011) Papel das enzimas microbianas na biorremediação de poluentes: uma revisão. *Enzyme Res*, 1-11. artigo ID 805187.

[32]   Hesham A, Khan S, Tao Y, Li D, Zhang Y, et al. (2012) Biodegradação de PAHs de elevado peso molecular utilizando misturas de leveduras isoladas: aplicação de métodos metagenómicos para análise da estrutura da comunidade. *Environ Sci Pollut Res Int*, 19: 3568-3578.

[33]   Sivakumar G, Xu J, Thompson RW, Yang Y, Randol-Smith P, et al. (2012) Tecnologia integrada de algas verdes para bioremediação e biocombustível. *Bioresour Technol*, 107: 1-9.

[34]   Lin C, Gan L, Chen ZL. (2010) Biodegradação de naftaleno pela estirpe Bacillus fusiformis (BFN). *J Hazard Mater*, 182: 771-777.

[35]   Simarro R, Gonzalez N, Bautista LF, Molina MC (2013) Avaliação da eficiência de técnicas de biorremediação in situ num solo poluído com creosote: alteração da comunidade bacteriana. *J Hazard Mater*, 262: 158-167.

[36]   Yadav M, Singh S, Sharma J, Deo Singh K. (2011) Oxidação de hidrocarbonetos poliaromáticos em sistemas que contêm solventes orgânicos miscíveis em água pela lenhina peroxidase de Gleophyllum striatum MTCC-1117 *Environ Technol*, 32:1287-1294.

[37]   Hidayat A. e Tachibana S. (2012) Biodegradação de hidrocarbonetos alifáticos em

três tipos de petróleo bruto por *Fusarium* sp. F092 sob stress com água do mar artificial. *Jornal de Ciência e Tecnologia Ambiental*, 5(1): 64-73.

[38] Darin Maliji, Zakia Olama e Hanafy Holail. (2013) Estudos ambientais sobre a degradação microbiana de hidrocarbonetos de petróleo e a sua aplicação em ecossistemas costeiros e marinhos libaneses poluídos por petróleo. *Int J Curr Microbiol App Sci*, 2(6): 1-18.

[39] Ahmed A. Burghal, Najwa M.J.A. Abu-Mejdad, Wijdan H. Al-Tamimi. (2016) Mycodegradation of Crude Oil by Fungal Species Isolated from Petroleum Contaminated Soil. *Revista Internacional de Investigação Inovadora em Ciência, Engenharia e Tecnologia*, 5(2): 1517-1524.

[40] Aliaa M. El-Borai, Khaled M. Eltayeb, Alaa R. Mostafa, Samy A. El-Assar. (2016) Biodegradação de Águas Residuais Industriais Poluídas com Petróleo no Egito por Consórcio Bacteriano Imobilizado em Diferentes Tipos de Suportes. *Pol J Environ Stud*, 25(5): 1901-1909.

[41] Sukumar. S. e Nirmala. P. (2016) Triagem de bactérias degradadoras de óleo diesel de solo contaminado com hidrocarbonetos de petróleo. *J. Adv. Res. Biol. Sci.* 3(8): 18-22.

[42] Fagbemi O. Kehinde e Sanusi A. Isaac (2016). Eficácia de consórcios aumentados de Bacillus coagulans, Citrobacter koseri e Serratia ficaria na degradação de solo poluído com diesel suplementado com esterco de porco. *Afr. J. Microbiol. Res.*10(39): 1637-1644.

[43] Phulpoto. H, M. A. Qazil, S. Mangi, S. Ahmed, N. A. Kanhar. (2016) Biodegradação de tinta à base de óleo por monoculturas de espécies de Bacillus isoladas dos armazéns de tinta. *Int J Environ Sci Technol,* 13:125-134.

[44] Jasin' ska, A., Rozalska, S., Bernat, P., Paraszkiewicz, K., Dlugon' ski, J. (2012) Descoloração do verde de malaquite por fungos filamentosos não basidiomicetas de Penicillium pinophilum e Myrothecium roridum. *Int Biodeterior Biodegrad*, 73: 33-40.

[45] Jasin' ska, A., Bernat, P., Paraszkiewicz, K. (2013) Remoção de verde de malaquite de uma solução aquosa utilizando o bolo de prensa de colza e o sistema de fungos Myrothecium roridum. *Desalin. Water Treat.* 2013; 1-9.

[46] Anna Jasin' ska, Katarzyna Paraszkiewicz, Anna Sip, Jerzy Dlugon' ski. (2015) Descoloração do verde de malaquite pelo fungo filamentoso Myrothecium roridum - Estudo mecanístico e otimização do processo. *Bioresource Technology*, 194: 43-48.

[47] Yan, J., Niu, J., Chen, D., Chen, Y., Irbis, C. (2014) Rastreio de estirpes de Trametes para uma descoloração eficiente do verde de malaquite a altas temperaturas e concentrações iónicas. *Int Biodeterior Biodegrad*, 87: 109-115.

[48] Shedbalkar, U., Jadhav, J. (2011) Desintoxicação de verde de malaquite e efluentes industriais têxteis por *Penicillium ochrochloron*. *Biotechnol Bioprocess Eng*, 16: 196204.

[49] Hassan M.M., Alam M.Z. e Anwar. M.N (2013). Biodegradação de Corantes Azo Têxteis por Bactérias Isoladas de Efluentes da Indústria de Tingimento. *Int Res J*

Biological Sci, 2(8): 27-31.

[50]   Maulin P Shah, Patel KA, Nair SS e Darji AM. (2013) Degradação microbiana de corante têxtil (Remazol Black B) por *Bacillus spp.* ETL-2012 *J Bioremed Biodeg*, 4(2):1-5.

[51]   Yogesh P, e Akshaya G. (2016) Avaliação do potencial de biorremediação da cultura bacteriana isolada YPAG-9 (Pseudomonas aeruginosa) para a descoloração do di-azodio sulfonado vermelho reativo HE8B em condições de cultura optimizadas. *Int J Curr Microbiol App Sci*, 5(8): 258-272.

[52]   Adya Das, Susmita Mishra, Vishal Kr. Verma (2015) Biodecoração melhorada do corante têxtil azul-marinho remazol utilizando uma estirpe bacteriana isolada Bacillus pumilus HKG212 em condições de cultura melhoradas. *J Biochem Tech*, 6(3): 962-969.

[53]   Adebajo. S.O, Balogun. S. A e Akintokun. A. K. (2017). Decolourização de corantes de cuba por isolados bacterianos recuperados de fábricas têxteis locais no sudoeste. *Revista Internacional de Pesquisa em Microbiologia*, 18(1):1-8.

[54]   De Jaysankar, Ramaiah N. e Vardanyan L. (2008) Detoxificação de metais pesados tóxicos por bactérias marinhas altamente resistentes ao mercúrio. *Biotecnologia Marinha*, 10(4): 471-477.

[55]   Chen, C.; Wang, J.L. (2007) Caraterísticas da biossorção de Zn2+ por *Saccharomyces cerevisiae. Biomed. Enviro Sci*, 20: 478-482.

[56]   Talos, K.; Pager, C.; Tonk, S.; Majdik, C.; Kocsis, B.; Kilar F.; Pernyeszi, T. (2009) Biossorção de cádmio em células nativas de *Saccharomyces cerevisiae* em suspensão aquosa. *Ata Univ Sapientiae Agric Environ,* 1:20-30.

[57]   Infante JC, De Arco RD, Angulo ME. (2014) Remoção de chumbo, mercúrio e níquel usando a levedura *Saccharomyces cerevisiae. Revista MVZ Cordoba*, 19: 4141-4149.

[58]   Tigini, V.; Prigione, V.; Giansanti, P.; Mangiavillano, A.; Pannocchia, A.; Varese, G.C. (2010) Fungal biosorption, an innovative treatment for the decolourisation and detoxification of textile effluents. *Água, 2*: 550-565.

[59]   Paranthaman SR, Karthikeyan B. (2015) Biorremediação de metais pesados em efluentes de fábricas de papel utilizando *Pseudomonas* spp. International Journal of Microbiology, 1: 1-5.

[60]   Pena-Montenegro TD, Lozano L, Dussan J. (2015) Sequência genómica e descrição da estirpe *Lysinibacillus sphaericus* CBAM5, tolerante a mosquitocidas e metais pesados. *Stand Genomic Sic*, 10(2): 1-10.

[61]   Wu YH, Zhou P, Cheng H, Wang CS, Wu M. (2015) Projeto de sequência do genoma de *Microbacterium profundi* Shh49T, uma Actinobacterium isolada de sedimentos de águas profundas de um ambiente de nódulos polimetálicos. *Genome Announcements*, 3: 1-2.

[62] Soleimani N, Fazli MM, Mehrasbi M, Darabian S, Mohammadi J, et al. (2015) Fungos altamente tolerantes ao cádmio: A sua tolerância e potencial de remoção. *Jornal de Ciência e Engenharia da Saúde Ambiental*, 13(19):1-9.

[63] Mirlahiji SG, Eisazadeh K. (2014) Bioremediação de urânio por *Geobacter* spp. *Jornal de Pesquisa e Desenvolvimento*, 1: 52-58.

[64] Priyalaxmi R, Murugan A, Raja P, Raj KD. (2014) Biorremediação de cádmio por *Bacillus safensis* (JX126862), uma bactéria marinha isolada de sedimentos de mangue. *Jornal Internacional de Microbiologia Atual e Ciências Aplicadas*, 3: 326-335.

[65] Sinha SN, Biswas M, Paul D, Rahaman S. (2011) Potencial de biodegradação de isolados bacterianos de efluentes de curtumes, com especial referência ao crómio hexavalente. *Biotecnologia, Bioinformática e Bioengenharia*, 1(3): 381- 386.

[66] Sinha SN, Paul D. (2014) Tolerância e acumulação de metais pesados por estirpes bacterianas isoladas de águas residuais. *Jornal de Ciências Químicas, Biológicas e Físicas*, 4 (1):812- 817.

[67] Sinha SN, Biswas K. (2014) Bioremediação de chumbo da água do rio por bactérias púrpuras não sulfurosas resistentes ao chumbo. *Jornal Global de Microbiologia e Biotecnologia*, 2 (1): 11-18.

[68] Mohamed, A.T., El Hussein, A.A., El Siddig, M.A. e Osman, A.G. (2011) Degradação do herbicida oxyfluorfen por

Microrganismos no solo: Biodegradação de herbicidas. *Biotechnol*, 10: 274-279.

[69] Chawla, Niti. Suneja, Sunita, Kukreja, Kamlesh e Kumar, Rakesh. (2013) Bioremediação: um projeto emergente

Tecnologia para a remediação de pesticidas. *Research Journal of Chemistry and the Environment*, 17(4): 88-105.

[70] Perez Monica, Rueda O. Darwin, Bangeppagari Manjunatha, Johana J. Zuniga, Rfos Diego, Rueda B. Bryan, Sikandar I. Mulla e Naga R. (2016) Maddela. Avaliação de diferentes culturas puras de bactérias degradadoras de pesticidas isoladas de solos contaminados com pesticidas no Equador. *Afr J Biotechnol*, 15(40): 2224-2233.

[71] Hussaini S, Shaker M, Asef M. (2013) Isolamento de bactérias para a degradação de pesticidas selecionados. *Bull. Environ. Pharmacol Life Sci*, 2(4):50-53.

[72] Raman Kumar Ravi, Bhawana Pathak e M. H. Fulekar. (2015) Biorremediação de pesticidas persistentes em ambiente de solo de arrozal utilizando um reator de tratamento de solo de superfície. *Int J Curr Microbiol App Sci*, 4(2): 359-369.

[73] Catherine N. Mulligana, Raymond N. Yong. (2004) Natural attenuation of contaminated soils (Atenuação natural de solos contaminados). *Ambiente Internacional*, 30: 587 - 601.

[74]   Li CH, Wong YS, Tam NF. (2010) Biodegradação anaeróbia de hidrocarbonetos aromáticos policíclicos com alteração de ferro (III) em lamas de sedimentos de mangais. *Bio resource Technology*, 101: 8083-8092.

[75]   Gui-Lan Niu, Jun-Jie Zhang, Shuo Zhao, Hong Liu, Nico Boon, Ning-Yi Zhou. (2009) Bioaugmentação de solo contaminado com 4-cloronitrobenzeno com Pseudomonas putida ZWL73. *Environmental Pollution*, 57:763-771.

[76]   Malik, Z.A. e Ahmed, S. (2012) Degradação de hidrocarbonetos de petróleo por consórcio bacteriano isolado de campos petrolíferos. *African J Biotechnol* 11(3): 650-658.

[77]   Alwan, A.H.; Fadil, S.M.; Khadair, S.H.; Haloub, A.A.; Mohammed, D.B.; Salah, M.F.; Sabbar, S.S.; Mousa, N.K. e Salah, Z.A. (2013) Biorremediação da água contaminada por resíduos de hidrocarbonetos utilizando plantas Ceratophyllaceae e Potamogetonaceae. *J Genet Environ Resour Conserv*, 1(2):106-110.

[78]   Gomez, F. e Sartaj, M. (2014) Otimização de biopilhas à escala do campo para a biorremediação de solos contaminados com hidrocarbonetos de petróleo em condições de baixa temperatura através da metodologia de superfície de resposta (RSM). *Int Biodeterior Biodegradation*, 89: 103-109.

[79]   Sayler GS, Ripp S. (2000) Field applications of genetically modified microorganisms for bioremediation processes. *Current Opinion in Biotechnology*, 11: 286-289.

[80]   Bijay Thapa, Ajay Kumar KC, Anish Ghimire. (2012) uma revisão sobre a biorremediação de contaminantes de hidrocarbonetos de petróleo no solo. Universidade de Kathmandu. *Jornal de Ciência, Engenharia e Tecnologia*, 8(I): 164-170.

[81]   Jain P.K., Gupta V.K., Bajpai V., Lowry M. e Jaroli D.P. (2011b), GMO's: Perspective of Bioremediation. In: Recent Advances in Environmental Biotechnology, Jain P.K., Gupta V.K. e Bajpai V. (Eds.). LAP Lambert Academic Publishing AG and Co KG, Alemanha, pp. 6-23.

[82]   Jain P.K., Gupta V.K., Gaur R.K., Bajpai V., Gautama N. e Modi D.R. (2010c), Fungal Enzymes: Potential Tools of Environmental Processes. Em: Fungal Biochemistry and Biotechnology, Gupta, V.K., Tuohy M. e Gaur R.K. (Eds.). LAP Lambert Academic Publishing AG and Co KG, Alemanha, pp. 44-56

[83]   Shweta Kulshreshtha, (2013) Genetically modified microorganisms: A problem-solving approach for bioremediation (Microrganismos geneticamente modificados: uma abordagem de resolução de problemas para a biorremediação). *J Bioremed Biodeg*, 4(4):1-2.

[84]   Lee TH, Byun IG, Kim YO, Hwang IS, Park TJ. (2006) Monitoring biodegradation of diesel fuel in bioventing processes using in situ respiration rate. *Ciência e Tecnologia da Água*, 53(4-5):263-72.

[85]   Samuel Agarry, Ganiyu K. Latinwo (2015) Biodegradação de óleo diesel no solo

e seu aprimoramento pela aplicação de Bioventing e alteração com efluentes de resíduos de cervejaria como agentes de Bioestimulação-Bioaugmentação. *Jornal de Engenharia Ecológica,* 16(2):82-91.

[86] Delille D, Duval A, Pelletier E. (2008) Estacas biológicas piloto de alta eficiência para o tratamento de fertilização no local de solos subantárcticos contaminados com óleo diesel. *Cold reg sci technol,* 54:7-18.

[87] Somayeh Emami, Ahmad Ali Pourbabaee e Hossein Ali Alikhani. (2012) Princípios e Técnicas de Biorremediação em Solos Contaminados com Hidrocarbonetos de Petróleo. *Revista Técnica de Engenharia e Ciências Aplicadas,* 2 (10): 320-323.

[88] Kumar S., Chaurasia P. e Kumar A. (2016) Isolamento e caraterização de estirpes microbianas dos efluentes da indústria têxtil de Bhilwara, Índia: Análise com Bioremediação. *Jornal de Investigação Química e Farmacêutica,* 8(4): 143-150.

Índice

Printed by Books on Demand GmbH, Norderstedt / Germany